海《かい》わたる

悠久の歴史の流れに育まれた民族伝承医学への旅

安達和俊D.C.著

もくじ

プロローグ

一

西向きに広く開かれたガラス戸から見える、大小さまざまな船舶の行き交うこの海峡の景色が、故国の内海を思い起こさせることには、もうずいぶん前から気付いていた。

小アジア風の朝の軽食の後で、この応接の間を選んだのには、海《かい》わたる　なりの思惑があった。十二の少年のこころに語り掛けるには、少年Uの母の住むバルカン半島南東の地が見晴るかせ、しかもそのように　海《かい》わたる　自身の心象風景にもつながる、この海の見下ろせるこの部屋でなければならなかったのだ。

「お祖父ちゃん居る?」

ドアをたたく確認のための軽やかな音とともに、少年らしい快活な声が聞こえた。

「お入り!　待っていたよ。」

「そこにお掛け。」

海《かい》　は、自らが背にした海の見える広いガラス戸の、向かえのソファを掌（てなごころ）で勧めた。

長くなるだろうこの話の終わるころには、その洋の東西を結ぶ海峡にそそぐ日差しが、西洋風でありながらどことなく東洋の面影を残すその少年の面立ちを、まばゆいほどに照らすであろうことを知りながらも……。

小坊主修行

二

海《かい》わたる　の故国は、東洋の東の端の島国であった。もともとはその国の侍の家の長男として生まれたのだが、わたる　の父親が仕えていた主家がお取り潰しに遭うと一家は帰農した。

だが父親は、主家の禄を食むも、他家に年貢を納めることを潔い（いさぎよい）としなかった。

わたる　も、当時八歳の子供ながら手伝いはしたものの、野良仕事のほとんどは、極力母親が一身で支えた。

ためにその無理がたたり母親は、病に倒れ間もなく亡くなった。母親の病については、幼いわたる　には、詳しいことは分からなかった。

何しろ医者に見せたのも、亡くなる一両日前に過ぎなかったのであった。

ただその折、当時の漢方医は、「これは重い風邪ではなく、労咳（ろうがい）の末期だ。」と言っていたのを朧気（おぼろげ）ながら覚えている。

その後父親も、もう二度目の仕官は諦め、いよいよ話のあった養子先に行くことに腹を括った。

その際一度は頼んでみたものの、やはり子連れでは養子には入れぬこととなり、一人っ子であった　わたる　は、近くのお寺に預けられることとなった。

その折のわずかな幸いは、その寺の住職が　わたる　を、前々からよく知っていたことであった。

それというのも母親を手伝っての野良仕事の帰りなど、わたる　は、よくその寺の前を通りかかり少しく足をとどめて、住職の語る講話に耳を傾けたり、住職が庭の落ち葉の掃き掃除の折など、たまたま目と目があえば軽く挨拶を交わしたりした程度の間柄ではあったからであった。

三

結局その寺で四年の歳月を過ごすこととなった。

寺における日常のお勤め、諸事万端の中には、朝晩の読経以外にも、本堂の拭き掃除、廊下の雑巾掛け、洗濯の手伝い、厨房での洗い物、風呂の薪運びそして庭の掃き掃除など子供ながら僧としての勤めのすべてが含まれていた。

それでも　わたる　は、月に数度ある住職の講話を間近で聞けることを何よりも嬉しく思った。

それはご住職の話が、狭小なものではなく、ごく壮大なものであったためでもあった。

ちなみに「お釈迦様の説かれた仏教だけが尊いのではない、世界中には、様々に優れた信教があるものです。」とこうであった。

特にこの寺では、檀家の子弟のみならず近隣の子供たちのために寺小屋がほぼ毎日開かれ、孔子の説かれた儒教の教えの中でも特に「論語」が取り上げられ、素読（そどく）のみならずその字句の意味の説明がなされ、またその字句が習字のお手本ともなっていた。

わたる　も他の小坊主衆とともに、この寺小屋への出席が許されるようになり、年を経るにつれ一番前の一番右端の席に座れるようになった。

皆が持ち来た最も良く書けた一枚を自分の一枚をも含めて束ね、師であるご住職のもとに運ぶのであった。

住職は住職で、それらの一枚一枚に書かれた字句の筆勢を朱の墨汁で正し、わたる　に返すのであったが、最早正すべきところのない　わたる　自身の一枚を見て取るや、「海《かい》は、面白い字を書くから、面白い手本を書いてやろう！」と新たな半紙に朱色で〝壽〟と大書した。

四

そんな住職を、いつしか　わたる　も、こころのなかで〝真実の父〟とも慕うようになっていた。

その住職に、あの日そのような災難が降り掛かかろうなど、誰も夢にも思わなかったことであった。

代官所の役人が、嫌疑についてはっきりと告げぬまま、住職を捕縛したのであった。

これについては、先ず当時のこの国の時代的背景について、話しておく必要があるかも知れない。

それというのも、この前年、幕府の大老が天皇の許しを待たず、主だった五つの外国と〝修好通商条約〟と呼ばれる交易などのための条約を結んだことにはじまるからである。

そこで激しくなる反対運動を抑えるため、大老はそれらに悉く弾圧の手を加えていたのであった。

それにしても条約にあからさまな反対を唱えていたわけでもない住職が、なぜ捕縛されなければならなかったのか。

それについては、わたる　の住むこの地域の特殊な情況についても、もう少し話しておく必要があるかもしれない。

それというのは、この二〇年ほど前、その瀬戸内海の東端にあって、この地域の経済的中心であり、幕府の天領すなわち直轄地でもあった大坂において、その町奉行所の元与力が、大飢饉に際し貧民救済措置を上伸したが受け入れられず、やむなく自らの私塾の門下生であった与力や同心らとともに貧民救済のため立ち上がり、大阪市内の豪商を襲い貧民に米や金を与えたのだが、わずか一日で鎮圧されたということがあったのである。

それにしてもわずかに一・二度、条約締結後は、米価など諸物価が高騰する恐れのあることについて、老婆心からそうした懸念と予防策について語った程度の住職が、なぜ捕縛されなければならなかったのか。

それについて、その「乱」の数年後にも、幕府は、幕府の異国船打払令を批判した有名な学者ら数名を含む二〇余名の蘭学者らを捕縛・処刑したことについても触れておかねばなるまい。

確かに　わたる　らが、住職の書斎の掃除をした折など、書棚の上の方に蘭書が数冊所蔵されているのを、むしろ　わたる　らは、好奇の目を以て眺めたことがあったが、最早この時代蘭学は、進取の学問でこそあれ禁制の学問などではなくなっていたし、まして諸外国と〝修好通商条約〟を結ぼうと言うこの時勢にあっては、蘭学は必要不可欠の最先端の学問であったはずである。

それでは、なぜ住職は捕縛されなければならなかったのか。

これには、おそらく他の宗派・他の寺の嫉妬が絡んでいたのではなかろうかと、のちになってわたる　は、ある人々の助言のもと推察している。

すなわち住職は、檀家・門徒の多い宗派に属していたのだが、そうでない宗派に属していた寺の中には、この幕末期ともなると賭博場などになると知りながらも、神聖であるべき本堂を夜間貸し与えるような場合も出て来て居たことを、住職は、前々から快く思っておらず、それについてついつい口に出したことがあった。

ところがそのことを逆に苦々しく思い、逆恨みした一群の人たちが、住職の属する宗派は、その昔「進めば極楽往生、退けば無間（むけん）地獄！」などと称して〝一揆〟を起こすような宗派であったと誹謗中傷した。

かてて加えて大老の意を受け、東に対し西としても手柄を急がねばならない町奉行所としても、わずかな発言を口実に大げさに捉え捕縛したものであろうというものであった。

またそれがその通りであるならば、この当時のお白洲においては、本人の主張はほとんど聞き入れられず、正に冤罪による処刑と言う他はなかった。

ただ寺はこのため廃寺となったものの、その後、大老が暗殺されると、他の小坊主衆は身元の引取り先があれば引取り先にて謹慎と言うことになった。

だが　わたる　だけは、引取り先がないため瀬戸内海のA大島に隣接したB島へ、形ばかりの遠島と決まった。

役人の申し渡しの最中、常に呼び掛けに使われた〝雲水〟という言葉に、わたる　は、辟易（へきえき）した。

「雲水という言い回しは、禅宗においてこそ正しい使い方であれ、わが宗門では誤用である。」と心の中で幾度も思ったが口には出さなかった。

遠島

五

その後　わたる　は、役人一人に伴われ本州側の陸路を徒（かち）で一刻（とき）西に歩を進め、ある船着き場に着いた。

舟と言えば、それまで川を渡る渡し船しか見たことのなかった　わたる　にとって、その舟は思いのほか大きく、この島国の沿岸をめぐり、特に二つの大きな都市の間を行き交う〝廻船〟と呼ばれる木造の帆掛け船を思わせ、それを余程小型にしたほどかと思った。

いずれにせよ途中々の景色の何と美しいことか、静かな青い海に浮かぶ緑の島々は、小坊主と思い気を緩めたその役人が、話しかける島影についての語らいも耳には入らぬほど、わたるは一人見とれていた。

最初に着いたA大島の港では、乗客のほとんどが下り、積み荷の油の樽（あぶらのたる）なども下ろされ、数人の乗客が乗り、干物の籠（ひもののかご）などが乗せられた。

隣接するB島へは、A大島との間の海を行くのではなく、迂回して西の波止場へ着けたのは、その間の海が遠浅であったためであった。

波止場では、残りの客が下り、役人も　わたる　とともに下りると、これと見て頭を低くして近づいた小柄だが頑強そうな青年に、役人は二言三言問い質した上で、手鎖代わりに形ばかりわたる　の両手を結んだ長綱をほどきながら　わたる　をその青年に引き渡し、残りの積み荷が下ろされ、わずかな乗客が乗る頃合いを見計らって、役人もみずからその帰り船に乗り込んだ。

青年は、わたる　を伴って、島の高台の小屋に住む、島民が〝百年猛者（ももとせもさ）〟と呼ぶ、この島に最初に着いた罪人である白髪・白髭（しらひげ）の古老のもとへ赴（おもむ）いた。

青年は、その右横に座ると囲炉裏を挟んで真向かいに座らせた　わたる　に正面の百年猛者を紹介した。

老人は、わたる　に「小坊主殿、長旅ご苦労であったな。疲れたであろうが、もしまだ元気が残っておったら、夕飯の前に少しく貴殿の此度の経緯（いきさつ）を話しては下さらぬか。我々も、詳しくは役人からも聞いておらぬ故な。またもし差し支えなければ、貴殿の生い立ちなども交え、お話し下さればなおのこと、よく分かって良いのじゃが……。」と問い掛けた。

わたる　は、それまでの役人の権柄尽（けんぺいづく）のぞんざいな物言いに慣れ切って居て、白髪・白髭の百年猛者ならば、どれほど横柄な態度を取るのだろうと思っていただけに、少しく拍子抜けしてしまった。

青年が、囲炉裏にくべてくれる薪の火の温かさとともに　わたる　は、これまでの経緯を、自らの生い立ちを交え、とつとつと語った。

話の途中で老人が青年に、また青年が老人に小声で話しかける場面が幾度かあったが、その時すでに夕飯は始まっていた。

そしてその二人の小声による耳打ちは、わたる　が住職の捕縛について触れたとき頂点に達した。

母親が亡くなった時も、よく分からないまま泣かなかった　わたる　であったが、父親と別れる時も、先行きの心配が勝って泣かなかった　わたる　であったが、今これまでの緊張の糸がほぐれ、疲れが体の芯からじわじわ湧いて来ると、改めて住職の捕縛以来のことが思い起こされ、もうこの世にはいない人を思い、止めどない涙が、両の眼から溢れ落ちる（あふれおちる）のを、抑えることができなかった。

そのまま眠り込み次の朝目覚めた　わたる　に、住職の捕縛から処刑に至るまでの推理の大筋を、老人の知恵を得て十二の子供にも分かるように説明したのは、青年Tであった。

六

そののち青年Tは、わたる　を島の北の森の奥に簀の子（すのこ）の床に、島民の要らなくなった、古い畳を敷き詰めた、武術の道場へ案内した。

天井は、周囲の木々の枝々を編み込み、さらにその上を藁葺（わらぶき）にし、実に見事に築かれていた。

雨の日が少なく晴天の日が続く瀬戸内では、この方が風通しは、良いのである。

そして次に、A大島を目の当たりにできる、東の海岸に　わたる　を案内した。

それは、わたる　にその海が遠浅で、その頃迄には昼近くなっていたこともあって、水温も高く遊泳に適していることを、分からせるためでもあった。

その日は特に水練はせず、二人浜辺を借りて小さなお結びの弁当を使った。

最後に再び古老の小屋に近い、それより一段低い高台に建てられた、それより一回り小さな小屋に戻った。

戻ってみて　わたる　は、朝目覚めたその場所が、昨晩の古老の小屋ではなく、青年Tの小屋であり、自分は寝ている間に、そこに運ばれたのだと言うことに初めて気づいた。

「百年猛者は、昨晩泊まっていくように言われたのだが、私がここへ運んだのだ。これからは、おまえはここで私と寝食を共にしなければならないからね。その前に、もう一つ見ておいてもらいたいものがある。」とそこまで言うと、青年は立ち上がり、小屋の南の庭に　わたる　を連れ出した。

そこから古老の小屋の南の庭の上りまでは、一面の薬草園になっていたのであった。

「今日は、残りの時間を、此処（ここ）で過ごしてもらう。」

「先ずこれが甘茶蔓（あまちゃづる）、体毒を出す。葉は甘みがあり甘茶にし、漢方では糖尿・胃腸・利尿剤に用いる。次にこれは大葉子（おおばこ）、葉は、利尿・胃薬、種は漢方では、車前子（しゃぜんし）と言って、利尿・鎮咳（ちんがい）に用いる……。」

十二歳の子供には、とても一遍に覚えられるものではない。

青年もそれは分かっていた。

分かっていたが、その薬草園の全体を包括し、わたる　には、先ずそれらの薬草について、興味を持ってほしかったためであった。

「明日からは、これらの一つ一つについて、筆記を付けよ！」

全てはこれからであった。

七

さらにその南側の斜面も段々畑になっていて、古老や青年Tらも、その一部で大根や胡瓜（きゅうり）などの野菜をはじめ粟（あわ）などの穀類も作っていた。

田圃（たんぼ）もあり、米も稗（ひえ）とともに作ってはいたものの、もともと雨の少ない瀬戸内では、島のほぼ天辺にある溜池からの用水の量も限られていて、その収穫もわずかであった。

あくる日早々　わたる　は、青年Tとともにそれらの田畑の草取りをした。

「八歳まで百姓をしていただけのことはあるな！」

わたる　は、田圃の稲に混ざって生えた稗を残し、他の雑草だけを取り除いていていたのだった。

その日二人は、そこで弁当を使った。

弁当には例の小さなお結びに添えて、そこでとれた大根を漬けた香の物が添えられていた。

「一つお聞きしてもよろしいでしょうか？」

「なんだ！」

「この田畑からの収穫だけで、私たちの食料は足りるのでしょうか？」

「とても足りない。ただ足りない分は、島民が持ち寄ってくれる。」

「島民は、なぜ罪人にそこまで親切にするのですか？」

「島民の中に我々を罪人と思っている者は、一人もいないよ。」

「それはなぜですか？」

「わたる　は、〝思想犯〟という言葉を聞いたことがあるか？」

「聞いたことはありますが、意味はよく分かりません。」

「幕府とその人との考え方の違いから、罪人とされた人達のことだ。東では、そうした人は、江戸の遥か南方のH島に流されるそうだが、そうした人の中には、学問のある人も多いため、島民はかえって、その人たちを先生と呼んで、学問を教わると聞いている。ここでも最初に流された百年猛者様が、そのようなお人であったため、このような扱いになったというわけだ。何事も最初が肝心というわけだな。」

「百年猛者様は、どのようなお人なのですか?」

「それについては、詳しいことは話せぬが、とても学問に秀でたお人だ。だから島民は、こぞって古老のもとを訪れ、話を聞く。そしてそうしたときに島民は、米や野菜を持ち寄ってくれるのだ。百年猛者様も言っておられたが、誠に有難いことだ。だが島民が余り大勢集まると、古老の小屋にも入り切らない。そこで北の森の道場に集って、皆が納得のゆくまで、ことによったら藩校も及ばぬほどの、質疑応答を交えた講義をされる。それも誰にでも分かるほどの分かり易さで、噛んで含めるように……。」

「それではT様は、どのようなお人なのですか?」

「先ず私の名に、様を付けて呼ぶことはやめてくれ。ここで様を付けてお呼びすべきお人は、百年猛者様だけだ。(しばらくあって)まあ私など語るほどの者ではないのだが、私の家は　わたる　の生家とは違い、もともとの百姓だった。ただ私自身には、侍へのあこがれもあり、たまたま近くにあった柔術の道場へ通うようになった。ところが、その縁あって通うようになった道場の柔術と言うのが、柔術と言っても柔(やわら)それも平和の和と書いて〝和(やわら)〟と読むこの国最古の柔術だった。だから柔と言っても刀(かたな)、特に小刀(しょうとう)が用いられ、投げた後その〝小さ刀(ちいさがたな)〟でとどめを刺す、つまり戦国の戦陣組打(せんじんくみうち)だったのだ。だから私は、〝武士道とは戦乱の世を生き抜く道〟と考えていて、〝和

（やわら）〝は、〝相手が押すのなら引き、相手が引くのなら押し、抗せず戦わずして、自ずと成る道〝と考えている。少し難しかったかな。」

「よく分かりません。」

むしろ　わたる　が最初に身に着けたのは、青年Tが東の海で　わたる　と島民の子供たちに教える、古式泳法の考え方であった。

「わたる　この泳法は、まわりに何人いようが、競うのではない。体力を消耗させるのでもなく、極限まで体力を温存させて、できるだけ長く、泳ぎ続けることが目的だ。競うのなら己（おのれ）自信と競え！」

この考え方が後に　わたる　を生き抜かせたのだが、まだこの時そこまでは、知る由もなかった。

八

島の西側の切りだった崖を、縫うように造られた急な階段を下りて、Tと　わたる　が波止場に着いた頃、いつもの連絡船から降ろされた積み荷は、もうすでに島民たちによって仕分けられていた。

「あっT先生、わたる　さん、ここの行李（こうり）三つそうですよ。」言い終えた親しい島民も他の島民らとともに、めいめい重い荷を背負い、足早に立ち去って行った。

二つの小さな行李の中身は、それぞれ文具すなわちこの時代、文房四宝と呼ばれた半紙・筆・墨・硯（すずり）などで、もう一つは、食料すなわち隣のA大島で干された乾物などであった。それらの倍を超える大きな行李の中身は、全てこの時期本州でとれた枇杷の実であり、道場に集まった島民特に子供たちに配るためのものであった。

ただ間々に干渉材として詰められた枇杷の葉は、煎じて薬用にするのであった。

重い文具はTが、軽い乾物は　わたる　がそれぞれ持って、今きた急な階段を上がり、再び波止場に戻って、いよいよこれから一番重い枇杷の行李を二人で運ぼうとした矢先の事であった。

夏の天候はにわかに変わりやすく、特に瀬戸内では日が昇って海から吹き上げる海風（うみかぜ）と、日が沈んで陸から吹き下ろす陸風（りくかぜ）は鋭く、その変わり目の夕凪（ゆうなぎ）どきは、蒸し暑さで知られていたが、夕立かと思っていたら雷が鳴り出し、西の空が掻き曇り出したかと思ったら、あれあれという間に風も強くなり海もしけ出した。

ふと沖合に目をやると、遠くに手漕ぎと思しきやや大きめの舟が、波間を木の葉のように漂っていた。

そうこうする間に、その大き目の舟もとうとう上下逆さになったかと思ったら、三人ほどが海に投げ出された。

「わたる　ついてこい！」

Tは、わたる　に声を掛けるや、その場に荷物を置き、今来た道を駆け戻り、波止場に停泊中の、島の漁師の空の船に飛び乗り、現場に急いだ。

投げ出された三人の内、年かさと思われる少年の一人は、自力で　わたる　たちの船に泳ぎ着いた。

「君なら大丈夫だろう。この船を頼む！」

その年かさの少年に告げるが早いか、Tは、残り二人の内、懸命に水しぶきを上げこちらに近づいてくる大人を引き受け、わたる　には、むしろその場からあまり動こうとしない、年少の少年を託した。

飛び込むやTは、その大人の男性に泳ぎ寄り彼を仰向けにし、自らの左の腕（かいな）にその顎を引掛け、巧みに船まで誘導した。

一方　わたる　も、日ごろのTの教えに従い、Tの動きをまねて、その少年を同じように船まで誘導した。

「よくやった　わたる！　次は三人を、それぞれ船の均衡がとれる場所に、座らせてくれ！」

言い終わるとほぼ同時に、Tは、その大人の男性が、前方に苦し気に座しているのを横目で確かめながら、自らの位置を船の中央右に取り漕ぎ出し、わたる　も後方の年かさの少年と、年少の少年の位置を入れ替えるや、中央左に座って漕ぎ出した。

ここまでは、行きと同じで、帰りは乗船者が三人増えたことによる、船の均衡の問題であった。ただ波止場に着くやTが、その年少の少年を桟橋の床に仰向けに寝かせ、頭側に回り込み彼の両の手を取ってその胸を拡げたり、そのまま胸の真中を抑えたりしているのを見て、これは道場で教えられた呼吸法を、仰向けに寝かせた相手に対して行っているのだと気付いた　わたる　が、ぐったりしているその大人の人に対しても試みたとき、初めてTの罵声が飛んだ。

「わたる　その人の顔を横に向けろ！」

わたる　は、あわてて、その大人の人の顔を、横に向けた。

「それでいい。そのまま続けよ。」

そのまま続け、その大人の男性の呼吸がほぼ正常に戻ったころ、やっとその年少の少年の呼吸も、虫の息から脱した。

「わたる　この少年を背負って、百年猛者様の小屋まで行けるか？」

「行けます。」

「よし。おまえが段々畑からの畦道（あぜみち）を、用水路に沿って迂回し先導しろ！　間に年かさの少年を挟み、その後を、この大人の男性を背負って私が行く。」

九

百年猛者の小屋に落ち着いてからは、百年猛者の指示に従い、大人の男性と少年は寝かせ、一番元気な年かさの少年だけを、百年猛者の机の横に座らせ、古老がTとともに事情を聴いた。

わたる　は、いつものように夕刻の雑炊を作り始めた。

「わたる、この三人の分は別にして、具は小刻みに量を少なくして、水嵩を増すように！」

Tが言い終わったのを見計らって、古老は「わたる　には、何故そうするのか、その理由も説明して上げなさい！」と付け加えた。

「はい、申し訳ありません。」

Tは、その場を立って　わたる　の居る厨（くりや）の隅に　わたる　を呼び、二つある椅子の一方に　わたる　を、今一方に自ら掛けた。

「今日はご苦労だった。急な事態で落ち着いて話もできなかったが、先ず三人は遭難により体力を著しく消耗している。重いものは、体が受け付けない。特に一番下の少年は、まだ重湯（おもゆ）でも、少量ずつ含ませなければ、誤飲を起こすだろう。次に救助の際の呼吸法で、大人の男性の顔を横に向けさせたのは、吐物で喉が詰まって、窒息するのを防ぐためだ。……他に何か聞きたいことはあるか？」

「いえ、よく分かりました。」

そのうち、古老が二人を呼んだ。

年かさの少年の話す片言の日本語と、漢文を知り尽くした古老の巧みな筆談とによって、情報の錯綜こそあれ、大筋の事情が呑み込めたからであった。

それによると、三人はお隣の国〝清〟の禅寺の禅師とその雲水たちであり、小型船とは言え二本マストの帆船に、数多く積み込んだチントーチェンすなわち景徳鎮からの高級陶磁器について解説を加えるため、長崎から大坂に向かう途中、この島の西の海で岩礁に乗り上げ、（もっともこの岩礁というのは、古老の考えでは場所柄から言って牡蠣礁（かきしょう））のようなのだが……とにかく乗り上げ、）彼らは六艇（てい）あるバッテーラすなわち救命用短艇の内の一艇で、そこから一番近い島に行くことを主張したものの、通事を含む、（もっともこの通事というのも、長崎の正式な唐通事（とうつうじ）ではなく、間に立って通商事務を取り次ぐ、この国の通弁のようなのだが……とにかく）この国の関係者たちは、先ず本州側の役所の役人に連絡を取らなければ、埒（らち）が明かないと言って聞き入れず、清国人はそこで待機するように言って本州へ向かった。しかしそのうち船が傾きだしたので、（もっともこの傾きというのも、古老の考えでは、場所柄から言って、牡蠣礁からのずれのようなのだと思われるのだが……とにかく船が傾きだしたので、）彼らは残り五艇の救命用短艇の内の一艇で、そこから一番近い島を目指して漕ぎ出したと言うのであった。

十

今朝早く　わたる　の付き切りの看病も虚しく、年少の少年が息を引き取った。

この間　わたる　は、煎じ薬を口移しに含ませ、少年の体が冷え出してからも、幾つも温めた石をぼろ布で包み、少年の体の冷えた部位に置いてやった。

百年猛者はTとともに、八分通り体調の回復したA禅師をそばに招き、さっきからもう半刻（とき）近く深刻な顔つきで話し込んでいた。

彼らが互いの顔を見合って、その顔つきに明るさが戻ったころ、そばに　わたる　が呼ばれ、それに呼応するかのようにA禅師も年かさのB雲水を呼んだ。

「わたる　C雲水のこと残念であったな。」

「百年猛者様　私はこれで人の死に二度立ち合いました。」

「一人はおまえの母、もう一人がこのC雲水ということだな。疲れは溜まっておらぬか？」

「何のこれしき！　途中からこのB雲水様も助けて下さいましたし、疲れなど溜めている暇はありません。」

「それで……なのだが、B雲水とは今後もうまくやっていけそうか？」

「最初は、身振り手振りでしたが、今では少しずつですが、清国の言葉も交えながら、お互いの意思を伝え合って居ります。」

「それならば、大事な話をするが……、（しばらくあって）C雲水は十四歳になったばかりだったし、おまえも、今はまだ十四歳だが、もうすぐ十五。また背格好もほぼ同じくらいだ。覚悟さえできていれば、今ここで入れ替わったとしても、怪しまれる心配は、それほどないように思うのだ……。」

「急なお話なので何のことか……（しばらくあって）、私はこれまで百年猛者様とT先生に、どこまでもついていくことだけ考えて参りました。」

「それは、私も分かっていた。だが私やTが考えているような新しい時代が、本当に来るのか、来るとしてもいつ来るのか？　また仮に来たとして、我々が放免される保証は、どこにあるのか。そう考え合わせたとき、まだこれからの春秋に富むおまえを、この小さな島で朽ち果てさせてよいのか。幸いA禅師も異国にあっては、全く保証の限りではないが、何分にも命の恩人の仰る（おっしゃる）ことなので、何としてもその願いを叶えて差し上げたい、という趣旨のことを書いて下さっている。残念ながら今回は、いつものおまえのように、考え込んでいる時間はないぞ！どうだ　わたる　一か八か広い世界を見てみないか？」

しばらくの沈黙のあとで、わたる　は、意を決したかのように、徐に（おもむろに）口を開いた。

「C雲水の氏名は、海平（ハイ・ピン）、名前こそ違え、名字は私と同じ字の海です。何か運命の見えない糸のようなものを感じます。異国で倒れた海平雲水のためにも、今度は私が彼の分まで生き抜くべきなのかも知れません。この先は、百年猛者様のご判断にお任せ致します。」

そうと決まれば、〝善は急げ！〟であった。

わたる　は、三年近く前のように再び頭を丸め、海平の着ていた清の国の雲水の僧衣に着替え顔を下に向け、海平にも　わたる　の作務衣が着せられ、顔には白い布が掛けられた。

全てが整ったあとで、島の長（おさ）が呼ばれ、百年猛者から事情が説明された。

このとき同時に島長は、隣のA大島の漁師たちが掴んだ情報をもたらした。

それによれば、あのしけのあと本州側の岸に一艇の短艇が漂着したが、乗っていた四人は全て死亡していたという。

沖の牡蠣礁に一艘の帆船が座礁しているのを、近くを通ったA大島の漁船が発見しているので、恐らくはその船からの救命艇であろうということであった。

ただそれ以上の詳しいことは分からないという。

そこで島長の名で代官所の代官に、百年猛者が書簡をしたためることとなった。その内容は、先ず座礁した船舶から、救命艇で脱出を試みようとした清国人三名を救助したこと。次にその際、その暴風雨の中で、救助にあたった十四歳の流刑男児一名が死亡したこと。最後に救助された三名は、清国の禅寺のA禅師一名とB雲水・C雲水の二名であり、積載した多数の景徳鎮高級陶磁器の評価のため、長崎から大阪に向かう途中であったこと。また座礁した船舶の六艇の救命艇の内の、四艇がまだそのままであれば、船内にはなお数名の水夫（かこ）と十数名の乗客が残っていて、そろそろ船内の食料や水も底を突く頃であることなどであった。

書状を受け取った島長が、早速早飛脚に託すため急ぎ帰った後で、Tは百年猛者に、「島長も、全く気付かなかったようですね。大したものだ。」と安心しながら感心した。

「あの男なら、仮に分かっても口には出すまい。それよりも　わたる！」

百年猛者は、再び　わたる　を呼んだ。

「これは、私からおまえに言う最後の教えだ。無口で通すとしても、自己紹介ぐらいは、しなければならない場面に遭遇するかも知れぬ。これからここを離れるまで、清国の言葉を一途に学べ！　あとのことは、A禅師様と二歳年上のこのB雲水殿の言に従え！」

そう言いながら百年猛者は、B雲水の背後からその両肩に両手を置いた。

B雲水は、B雲水で百年猛者のそんな仕草の中に〝わたる　をよろしく！〟の意が込められていることを十分に肌で感じ取っていた。

密航

十一

「雲水殿お二人は、こちらに控えられよ！」

そう下役が一番低い板の間に座るようB雲水とわたる　を促すと、一段高い畳の間に鎮座した奉行は、「構わぬ雲水殿も、禅師殿の横に座られよ。」とそこより一段高く、奉行自身の間より一段低い畳の間に、A禅師とともに座るよう二人を促した。

間に通弁を挟み、奉行はその後の事情について説明を加えながら、A禅師に問い質した。

「その後、船内に残った数名の水夫（かこ）と十数名の乗客は、暴風雨がおさまってから、残された四艇の救命艇を用い、自力で海岸まで漕ぎつけ全員無事上陸したゆえ、安心するがよい。ただそれにしても、乗客が少ないように思うのだが……。」

「ほとんどの乗客は、その前の港々で下船致しました。もともとこの船は、私どもが、景徳鎮の高級陶磁器を運ぶことを第一の目的として長崎で借り受けたもの、乗客については、船主および水夫（かこ）たちへの支払いのため、やむなく希望の者を募った迄のことで御座います。」

「船そのものは、その後当方が、江戸表へお伺いを立てた上で、I藩に相談をも持ち掛けたところ、I藩が所有する三本マストの中型船で曳航（えいこう）してみることとなり、どうなることかと思っておったが、これがまた見事に成功した。そち達は、岩礁への座礁と考えておったのかも知れぬが、牡蠣礁への座礁であったこと、それにあの暴風雨じゃ。あれで一時、船底が浮き上がったことが幸いしたのであろうとのことであった。」

「本当に何と言ってお礼申し上げてよいか……。」

「いや、そこなのじゃが、話は積み荷の景徳鎮製高級陶磁器のことじゃ……。此度のことで、数は少ないのじゃが、陶磁器そのものに破損も出て居る。どうじゃ、全部まとめて半額で、全てここに置いて行かぬか？」

こう来るであろうことは、A禅師も事前の　わたる　の助言から分かっていた。

それは、この国の言葉は分かるまいと、高を括った下役たちが、わたる　の前でぼそぼそ話していたのを聞き漏らすことなく、わたる　が予めA禅師に忠告していたからであった。

「分かりました。それでは、その様にさせていただきましょう。これは、全ての積み荷とその価格の入った目録です。」とA禅師は、予め価格を倍掛けした目録を見せた。

「堂島」を中心として各藩の蔵屋敷も立ち並ぶ、米市場における米相場・米の売買ならいざ知らぬことではあったが、命がけで運んだ交易品である高級陶磁器を半値に叩かれては、帰りの船賃もままならなかったからであった。

ただ結局帰りの船も、取り敢えずその修理を終えたばかりの、行きと同じその船であった。

東西に長い内海の帰路は、大阪湾に始まる。

その昔、難波江（なにわえ）と呼ばれた入江であったころには、ずっと内陸まで海であった。

そしてその船着き場が、難波津（なにわづ）と呼ばれた港であった。

今は埋め立てが進み、わずかに難波（なにわ）の名前だけが残る。

それも撥音便（はつおんびん）で、〝なんば〟とはねて訛（なま）る。

埋め立てた分だけ、明石海峡がすぐ目の前に迫る。

本州と淡路島に挟まれ、水深が深く潮流も急だが、その取り敢えずの修理を終えたばかりの帆船も何とかこの難所を乗り切った。

二本マストの小型帆船から見える瀬戸内の景色は、また一段と格別であった。

特に日の沈むころには、夕日に霞ながら白くなってゆく青い海に、黒くなってゆく白砂青松の島々が浮かび、今正に描き上がりつつある一幅の山水画を見ているようであった。

やがて朝日に煙るA大島の西にB島が見え出すと、わたる　は、甲板に立ったままB島に向かい、万感の思いを込めて両の手を合わせた。

一つには、三年近くもの間親身に自らを育んでくれた百年猛者様やT先生、そして親切にしてくれた多くの島民の皆に対して、さらにもう一つは、C雲水が眠る墓標に対して……。

実は島を立つ少し前に聞かされたことであったが、C雲水の遺体は古老とTそれぞれの小屋の間の南向きの庭、その庭の薬草園の手前に　わたる　の亡骸（なきがら）として手厚く葬られたという。

本来なら流刑男児ゆえそこには何も立てられないところではあったが、わずかな目こぼしを得て、ごく小さな卒塔婆に〝海雲水の墓〟とのみ記されたという。

「清国の禅寺に着いたら、必ず〝海平雲水〟の位牌をお願い致します。」

わたる　は、B雲水を通じA禅師にそうお願いしてもらっていた。

十二

わたる　たちの乗る船は、行きと同じく帰りもまた、下関の関所で簡単な取り調べを受け、いよいよ最後の難所に差し掛かった。

先ず本州の南端であるその下関と九州の北端の門司が、互いに迫り合う狭い海、当時の呼び方で下関海峡は、狭いがゆえに内海から外海へ、また外海から内海へ、いずれの潮の流れも速く、しかも水深も浅く当時〝死の瀬〟と呼ばれていた、いわくつき岩礁が控えていたが、そこを通過すると次が特にこの秋から冬に向かう時季、波風の荒さで悪名高い玄界灘（げんかいなだ）、そもそも灘とは、そうした航海の困難な海を指す言葉なのだが、ここも何とか通り過ぎようとしたそのとき、遠い沖合を一艘のかなり老朽化した帆柱二本の帆船が、南西方向から北東へ向かって、激しい潮の流れに身を任せるようにして、行き過ぎていくのが見えた。

「あの船は、我々と反対方向へ行くようですが……。」

わたる　は、思わずB雲水の方を見た。

「あれは、恐らく〝幽霊船〟だろう。乗っている者に生きている人は、もう一人もいないはずだ。潮の流れるままに漂い流れるしかない。」

そう言ってB雲水は、海上を漂うその船の方に向かって両の手を合わせた。

わたる　もそれを見て、同様にその船に対し両手を合わせた。

「それにしても、あの船の形から言って、恐らく南方からの帰りの船と思われるが、こんなところまで、珍しいこともあるものだ。」

「この先、どこへ向かうのでしょうか?」

「恐らく『沖ノ島』の方向だろう。その昔のこの国の海の神様の社（やしろ）のある島だ！もっとも手前の大島、さらに内陸と、それぞれに宮があって、それぞれに女神がいる。つまり三宮に三女神が祭られているのだが……。」

わたる　が聞いてもいかないことまで、B雲水がそれも自分にとって外国のことなのに、良く知っていて話してくれるので、わたる　も思わず知らず尋ねていた。

「何故そこに海の神様が祭られているのですか?」

「それは、その昔この内陸すなわち北九州と大陸の半島とを結ぶ海の守り神だったからだろう。もっとも今回は、その昔とは違って半島伝いに大陸へ渡るのではなく、長崎から直接東シナ海を超えるのだが……。これ以上詳しいことは、A禅師に聞いてくれ！　実は私のもA禅師の受け売りなのだ。ただ神官以外の上陸が厳しく制限されていて詳しいことはわからないのだが、漁民たちからの伝聞によれば、祭祀に用いられる宝物の中には、大陸それも西域の影響の見られるものまであると言うことだ。」

B雲水の話を聞きながら、わたる　は、以前住職から聞いた東大寺、正倉院の宝物の話を思い出していた。

「正倉院の宝物の中には、西域の影響を受けたものまである。当時は今と違って、我が国も世界とつながっていたことが、そのことをもってしても分かる。」

そうこうする内、船はついに長崎の港に着いた。

わたる　たちは、ここで一旦上陸し、清国人のための居留地である唐人屋敷に入った。

わたる　たちが乗って来た船は、その間、長崎港にできたばかりのS藩の西洋式ドックに入り、本格的な修理を受けることになった。

この便宜は、船主がS藩の重役と当時内外の商取引を通じ、太いパイプを持っていたことが幸いしたためであった。

そしてそのように、船主が海運上の勢いを持っていたことが、もう一つの思わぬ幸いを　わたる　たちにもたらした。

それは、次に　わたる　たちが乗る船についてであった。

これには、わたる　は勿論のこと、B雲水そしてA禅師まで驚嘆した。

その船というのは、三本マストの大型蒸気船だったのである。

「これならば、外洋も怖くはない！」

A禅師は、ほっと胸をなでおろした。

かたわらで、B雲水も頷いていた。

清国の禅寺

十三

「英国人たちの態度、横柄だと思わないか？」B雲水が尋ねた。

「英国船籍の船だし、それにほとんどの英国人は、一等の乗客、我々は三等、当然と言えば当然かも……。」わたる　が答えた。

二人は、船が東シナ海に立てる長い白波を眺めながら、潮風に紛れ周囲に分からぬよう、後方のデッキで語り合っていた。

「あと二日もすれば、寧波（ニンポー）の港に着く、そしたら小海（シャオハイ）にも分かるよ！」

ここで、B雲水が小（シャオ）を　わたる　の〝海〟と言う名字の前に付けて呼んだのは、清国の自らの後輩をあらわす親愛の情を籠めた言い回しであった。

「いずれにせよ僧衣姿の我々には、概ね皆親切ですし一様に敬意も払ってくれています。それに遣唐使の昔なら数十日、場合によっては数か月を要し、それでも漂流同然の船旅に、思う港にも着けず困苦を極めたものが、今では数日で外洋を渡ることができます。これもいち早く産業革命を成し遂げ、特に蒸気機関を発明した英国の船だからこそです。」

話の後半部分は、わたる　が折に触れ島で百年猛者から聞かされた話の受け売りであった。

それをまた　わたる　がたどたどしい清国の言葉で一心に語ると、B雲水は、その頬に苦笑いを浮かべ押し黙ってしまった。

ただ後に、この時のことを時々思い出すことがあっても、わたる　自身は、不思議と自分の国の言葉で話していたような錯覚に陥るのだったが……。

しかし船が寧波の港に着くと、確かに清国の荷役たちが、英国の貿易商と思しき人たちから、可成りひどい扱いを受けていた。

「ここは、まだ小さな地方の港町だからましな方だよ。これより大きな北の港湾都市、上海では、もっとひどいものだ。これも我々が、およそ二〇年前、英国とのアヘン戦争に敗れ、今では言わば半植民地の状態にあるからだ。ただ一番問題なのは、そのためこの国の人たちに一様に覇気がないことだ。」

寧波から陸路、杭州（ハンチョウ）に向かう馬車に、A禅師に従って乗り込むと、B雲水は、あとに続いて乗り込んだ　わたる　が座席に腰掛けるや、そう言い放った。

清国第一の大河、長江（チャンチアン）は、わたる　の国では揚子江（ようすこう）と呼ばれていたが、そもそもその源流はチベット高原にはじまり全長六三八〇km、ナイル河、アマゾン河に次ぐ世界第三の大河となって東行し東シナ海に注いでいる。

そしてその南が江南地方と呼ばれ、ここはもともと南宋のあった地であり、その首都が杭州であった。

またその頃の言葉に〝南船北馬〟ということがあったが、これは南の南宋は川が多いから船で行き交い、北の北宋は陸地続きだから馬を馳せる（はせる）の意だったもので、転じて絶えずせわしなく各地を旅すること、すなわち東奔西走の意にも用いられるようになったものであった。

ただそのように江南の地は一帯の水郷であり、この地と北の清国第二の大河、黄河（ホワンヘ）を経て、さらにその北にある首都、北京（ペキン）を結ぶ全長二五〇〇㎞の〝京杭大運河〟は、その歴史の必然として築かれた大運河であり、この国の臨海地帯を南北縦に貫く大動脈として、その経済のみならず文化の交流をも支えて来た存在であった。

「この杭州の地には、銭塘江（せんとうこう）と呼ばれる大河があって、杭州湾に注いでいるのだが、河口が三角江になっているため、定時に海嘯（かいしょう）がみられ、それがまた壮観の極みだそうだ！」

「海嘯とは、何ですか？」

「海嘯と言うのは、満ち潮が河川を遡る際、その逆流波が垂直な壁のようになって、激しく波立ちながら一気に遡上する現象のことだ。小海の国の、津波（つなみ）にあたるものだが、河川で起こる津波だから小海の国では潮津浪（しおつなみ）と言う呼び方があるようだ。」

B雲水にとっては、やはり外国のことなのに、これについてもよく知っていてよく分かるように話してくれた。

ただそのB雲水も、まだ海嘯を実際に見たことはないようであった。

〝京杭大運河〟は、ジャンク船で北上する。

ジャンク船とは、清国の河川・沿岸でよくみられる帆船のことで、貨客用の輸送船である。

船内は多くの隔壁で縦横に仕切られているが、船首から船尾を貫く竜骨、すなわち船の背骨に当たる構造がなかった。

航路によって内河ジャンクと外洋ジャンクに大別されるが、この場合は内河ジャンクでゆく。内河ジャンクとは、小型で帆柱は一本あるいは二本、喫水（きっすい）あるいは吃水（きっすい）すなわち船体が水中に没している部分が浅く、しかも平底（ひらぞこ）であり、帆走もするが手でも漕ぐ。

ちなみに外洋ジャンクとは、大型で船体も耐久性に富み、帆柱は二本で主に帆走する。玄界灘でみた帆柱二本のあの〝幽霊船〟も恐らくこれだろう。

わたる　も一目見て、あの時の〝幽霊船〟を小型にしたような船だなと思った。

内河にせよ外洋にせよジャンクの帆は、網代（あじろ）すなわち竹・葦あるいは桧（ひのき）などを薄く削って縦横に編み上げられてできている。

しかもこの場合、その船尾に舢（三）板（サンバン）船と呼ばれる小舟を何艘も連ね、それぞれに山なりの荷を積み込んでいるのだ。

わたる　は、少し心配になって来たが、例によってA禅師に従ってB雲水が乗り込んだので彼らに続いた。

それでも船は水の都、蘇州（スーチョウ）を過ぎ、何とか揚州（ヤンチョウ）に着き、この地の船宿で一泊することとなった。

「ここ揚州（ヤンチョウ）にその当時、大明寺、現在、法浄寺という名の寺がある。小海が、英国籍の蒸気船の後甲板で言っていたのが、もし『鑑真和上』のことなら和上は、その寺の住職だった。」

「そうだったのですか。でも、どうして分かったのですか？」

「そりゃ、遣唐使の昔、そんな大変な思いをして小海の国に仏法を伝えた人があるとすれば、それは和上以外にないからね。」

「実は、あれも私が最初にお世話になったお寺の、ご住職からの受け売りだったのです。渡航を企てること五度、果たせずして失明し、六度目で終に成功したのですから、本当に立派ですね。」

「それに和上は、律宗すなわち戒律の研究やその実践を重んずる宗派を伝えたこと、そしてその戒律の中には、小乗戒も大乗戒も含まれていたことも忘れてはならない。また天台宗を本格的に小海の国に伝えたのは、最澄すなわち小海の国で伝教大師と呼ばれている高僧に違いないが、その教学を最初に伝えたのも、やはり鑑真その人だった。」

「B雲水は、本当に何でもよく知っていますね。」

「心配しなくても私のも、A禅師とこれから　わたる　がお世話になるZ禅寺のY大師からの受け売りだ。ただこういう話をするとき我々は、清国人としての伝統と誇りを思い出すことができる。」

「それとこれだけは覚えておいた方がいい。それは、清国の禅宗は、大きく北の北宗と南の南宗に分かれ、北宗が如来の教えおよび経典を重んじる漸悟主義すなわち順序を追って悟りを開こうとする考え方なのに対し、南宗が以心伝心および不立文字（ふりゅうもんじ）を重んじる頓悟主義すなわち段階を経ず一挙に悟りを開こうとする考え方だということだ。そして我々のZ禅寺は、もともと南の南宗の地とのつながりが強く、北の北宗の地にありながら、一人南宗派だということだ。」

わたる　は、船宿の暖かい布団の中で、すでにすやすやと眠りについていた。

少し遅れてB雲水も、まもなく深い眠りについた。

あくる朝の二人の目覚めについても一言弁明しておくと、二人とも南京虫すなわちトコジラミに血を吸われ痛痒の訴えを起こすようなことはなかった。

ここから西へ、長江を少し遡ったあたりにある南京（ナンキン）の街の、この有難くもない名称のアピールは、誤解以外の何物でもない。

南京の夜に南京虫が出るなどということは、全くの迷信なのである。

朝になり夕になり、ジャンクは北へ北へと帆を向けた。

それにしても、何と広大で緑の多い国だろう。

ところどころ大湖と交わる運河はまるで海のようで、左右の緑は南の穀倉地帯を過ぎてなお、あるところではしなやかに柳の枝が、またあるところでは生垣のように灌木が、またあるところでは名も知らぬ広葉樹の喬木が並木のように続いている。

人心は穏やかで、またよく礼儀を知っている。

ここでは、人々のこころまで穏やかで、寛（ゆったり）しているようだ。

その悠久の時の流れの中にあってなお、人々は折に触れて挨拶を忘れない。

そうした朝夕の繰り返しの中にあって幾泊かの後、漸く（ようやく）手元の書類から目を離し、それらを旅行用の小型の算盤とともに携帯用の包みの中にしまい込んだA禅師は、わたる　の前の席に掛けた。

「ジャンクからの景色はどうかね？」

「今もその広大さに、ほとほと感心していたところです。」

「B雲水とは話す機会があったようだが、私とはあまり時間が取れなかったね。今、少し話してもいいかい？（わたる　が頷くのを見て）先ず、最初に着いたあの寧波の港、あの西に景徳鎮はある。直接行って目利きすることもあるが、私は、大抵は港の一隅で目利きし交渉する。交易は、わたる　の国とすることも多い。だから弟子のB雲水には、特に　わたる　の国について、少しく学んでもらっている。次は、美術についても少し話しておこう。禅が、北の北宗と南の南宗に分かれることについては、もうすでにB雲水から聞いていると思うが、山水画もまた同じように北宗画と南宗画に分かれている。もっとも　わたる　の国では、それぞれ北画と南画と呼んでいるようだが……。この国では明の時代の末に分かれた。それらは、基本的に宮廷画院における画家の北方様式を北宗画、在野における文人の南方様式を南宗画という。わたる　の国では、北宗画すなわち北画が雪舟などにみられる室町時代の水墨画に、南宗画すなわち南画が与謝蕪村などにみられる徳川の世の文人画にそれぞれ影響を与えている。」

「さあ、もう直ぐ着きますよ！」舳先（へさき）近くで前方を見ていたB雲水が振り向きざま二人に声を掛けた。

彼らが目指すZ禅寺の伽藍（がらん）は、この大運河の終着点である首都、北京の遥か南の地、チベット高原を大きく湾曲し北東に流れ再び南流し東行し渤海（ホーハイ）湾に注ぐ、全長五四六四kmの黄河からほど遠からぬ、その畔（ほとり）あたりにあった。

十四

わたる　から見て、それは正しく大伽藍であった。

僧籍にある者だけで三十数名、近郷から通っている手伝いの者まで入れると、優に四十名を超えている。

しかもそれらの人々が、部署々々に分かれている。

A禅師は、もともと画僧であり、B雲水や亡くなった海平雲水は、その弟子たちであり、所属は、美術部門であった。

彼らには、曼荼羅（まんだら）などの仏画を描き寄進者に配ったり、仏師の彫った仏像を修復したりする以外に、陶磁器などの鑑定を行い外国との交易をする重要な役割があった。

それというのもこれだけの大所帯となると、檀家などからの寄進だけでは迚（とても）やっていけなかったからであった。

また大きな薬草園も付属し、施薬院も併設していた。

その患者は、近郷の者だけにとどまらず、評判を聞き付けた遠方の者まで来院していた。

おまけに彼らの内の皆が皆、施薬料を払える者ばかりとは限らなかった。

そこで施薬院の中には、操体部門と呼ばれる部署がつくられ、限られた薬草を湯水のごとく使うのではなく、自己または他者により身体を操作し治る者は治すようにしていた。

そのことにも関連し拳法の道場も併設されていたが、年齢により青年部と老年部に分かれ、それぞれに伝統とその目的を異にしていて、仏門にある者は前者に所属する者が多く、近郷の者でも修行に通う者には後者に所属する者が多かった。

さらにまだこれだけにとどまらず、図書（ずしょ）部門もあり、書院と呼ばれる建物の中には、書庫のみならず、書見もできる簡単な閲覧の間も備えていた。

そして施薬院とその書院以外は、すべて何々殿と呼ばれる建物々々にその部署々々があったが、それらは寺のある山の各所に散在しているのであって、寺院の中央には、あくまで仏殿・法堂（はっとう）・経蔵（きょうぞう）・三門・庫院（くいん）・僧堂・浴室・東司（とうす）の七堂が厳として存在していた。

ここで少しくそれら禅寺における七堂伽藍の各御堂についても解説を加えておくと、先ず仏殿とは、仏（ほとけ）すなわち悟りを開いた者あるいは菩薩（ぼさつ）すなわちその仏になる一歩手前の者の像を安置し礼拝するための殿舎のことであり、次に法堂（はっとう）とは、禅寺において住職が法門すなわち衆生つまり命ある者が仏法に入るための門について講演する御堂のことで、他宗で言う講堂のことであり、次に経蔵（きょうぞう）とは、大蔵経（だいぞうきょう）すなわち総称として仏教聖典全般を納めてある建物のことであり、次に三門とは、禅寺において仏殿の前にある門のことであり、次に庫院（くいん）とは、禅寺において厨房（ちゅうぼう）すなわち調理場あるいは寺務所のことで、通常仏殿の斜め前、僧堂と相対して建てられ、ここでもそのような配置で建てられていて、ここでは厨房のことであり、次に僧堂とは、禅寺において坐禅修行をする根本道場のことで、禅堂あるいは雲堂とも呼ばれ、もともとは坐禅を中心に食事から睡眠まで一切をするところのことで、ここでもそのような禅堂あるいは雲堂のことであり、次に浴室とは、風呂場のことであり、最後に東司（とんす）とは、禅寺において便所のことである。

そしてこれらのすべてを統括するのが、大僧正であるＹ大師その人であった。

さてこのＺ禅寺における　わたる　の立場であるが、その時Ａ禅師が果たしてくれた役割程有難いものはなかった。

それは、その後　わたる　がＡ禅師を呼ぶときＢ雲水にならって、老東（ラオトン）と呼ぶようになったことからも分かることであった。

老（ラオ）をＡ禅師の〝東（トン）〟と言う名字の前に付けて呼ぶのは、清国の自らの先輩をあらわす親愛の情を籠めた言い回しであった。

先ずＡ禅師は、法堂においてＹ大師に対し、わたる　の国で遭遇した水難事故の顛末について、その詳細を説明した。

そして次にそのとき、わたる　たちが彼らを、いかに身を挺し救助にあたり、いかに献身的に介護したかを説明した。

「子細は飲み込めた。海平には可哀相なことをしたな……。早速家族を呼んで、もう一度よく分かるように説明してやってくれ！　供養はこちらでいたそう。」

Ｙ大師の言に従い、海平の両親と二歳年上の兄が呼ばれ、Ａ禅師からその詳細が説明された。

「大切なご子息をお預かりしておきながら、このようなことになって本当に申し訳も御座いません。」

「よく分かりました。Z禅寺にお預けしてからは、〝平〟の命は、我々の者と言うよりも、この寺の者と考えて参りました。ただ亡骸に一目会えないのは、少しく心残りではございますが、それもそこまでしていただけたのなら……。」と父親が言うと、A禅師の傍らにいたB雲水が、自分と同じ位の年頃の海平の兄の顔を見ながら、さらにその傍らにいた　わたる　を見て、「小海が煎じ薬を口移しに含ませてくれ……」とさらに子細を話すと、涙を拭っていた手拭の手をしばし休めた母親が　わたる　の手を握り「よくしてくれましたね！」とはじめてわずかに笑みを見せた。

葬儀は、仏殿で執り行われたが、三十名に余る僧・雲水の唱える読経は、静かな山里では近郷にまで響いた。

わたる　の願いはA禅師からY大師に伝えられ、聞き入れられた。

海平の位牌は二つつくられ、一つは家族に今一つはZ禅寺に安置されることとなった。

その後　わたる　は、表向きは画僧を目指すA禅師の弟子の立場を取ったが、わたる　自身は、絵画より施薬に興味があったので、わたる　の国との交易の際には、そちらを手伝うことを条件に、薬草園・書院に出向し薬草の図録を取ったり、本草に関する書物から図録を写し取ったりした。

本草とは、植物のみならず動物・鉱物など薬用となるすべての天然物を指す。

その意味で庫院における調理は、禅修行の大切なその一部であり、特に禅宗における精進料理は、漢方における薬食同源にも通じるものがあり、調理部門の修行僧から教えられた一言々は、わたる　にとって大いに学ぶべきものがあった。

また拳法の道場でも修行を欠かさず、可成り強いとの評判を得たが、わたる　は、剛法としての突き・蹴りよりも柔法としての抜き・固めを得意とし、「私は勝負事ではなく、稽古事が好きなのです。」と言い張って練習に参加しても、試合に参加して相手を打ち負かすようなことはしなかった。

むしろ「これはそもそも達磨大師が、心身鍛錬の法として伝えたもののはずです。」と言って、老年部の伝統と目的こそ自分の目指すものに近いと、その目的を心身鍛錬から精神修養さらには健康法特に老年では慢性病の予防と治療に効果があると主張したため、かえって施薬院の操体部門の一部から賛同を得るまでになった。

十五

ただ禅寺である以上、当然のこととして僧堂における坐禅修行があくまで修行の根本であり、特に南宗派であるZ禅寺においては、それを以心伝心すなわち言葉ではなく心から心でもって、不立文字すなわち文字ではなく心から心でもって、一挙に悟りを開こうとする考え方であった。

そもそも　わたる　がかつて住職から聞かされた釈尊の悟りとは、釈尊が三十五歳の時のこと、天竺すなわち今のインドの東部にあるブッダガヤーの菩提樹の木の下で坐禅を組んで得たもので、先ず〝諸行無常（しょぎょう むじょう）〟すなわち万物は常に移り変わって行き、わずかの間もじっとしていないということ、次に〝諸法無我（しょほう むが）〟すなわちいかなるものも、それ単独で存在しているものはなく、なべて他とのつながりを持っているということ、そして最後に〝涅槃寂静（ねはん じゃくじょう）〟すなわちそれら二つのことが真に体得できれば、煩悩（ぼんのう）すなわち妄念から解放され、心静かで安らかな境地に至れるということの三つであった。

だが今すぐ若い　わたる　に、そうした境地に至れと言われても土台無理な話であった。

そこで　わたる　としては、先ずはその日一日の自分自身を振り返って、自己を見つめ直し少しく静かな気持ちになろうと考えた。

そうは言うものの、わたる　としてもどうも気がかりであったので、あるときある先輩の雲水に「悟りが開かれると、どんな心持になるものなのでしょうか？」と尋ねたことがあった。

するとその先輩は、「それは、私にもわからないが……」と言いながらも、ある禅師は周りのものがなくてあるがごとく、あってなきがごとく見えて来たと言っていると教えてくれた。

そこで　わたる　は、その禅師のことを書院で調べてみた。

するとその禅師の書いた一冊の薄い書物が見つかった。中を開いて少し読んでみると、意外に分かりやすい書き方がしてあったので、そのまま閲覧の間の書見机の上で読んでいると例の個所が見つかった。

しかし少し戻ってもう一度読み返してみても、それはその禅師が寝ているときに見た夢の中での、死に物狂いの坐禅修行での話であった。

解釈はいろいろあるのであろうが、いかに死に物狂いの修行での話とはいえ、夢の中でなら周りのものがなくてあるがごとく、あってなきがごとく見えて来たとしても、それは至極当然のことのように思い　わたる　は少しがっかりした。

そこである時、B雲水にそれとなく意見を求めてみたことがあった。

するとB雲水は、「ここの禅宗特に南宗派は自力本願の教えだ。それに対し小海の国の住職の宗派は他力本願の教えだ。この二つの教えの違いをよく調べてみてはどうだろうか？」と新たな課題を投げ掛けてくれた。

そこで　わたる　は再び書院へ行き、再びしかるべき書物を探し出してみた。

それは、仏語に関する入門書であり、案外簡潔にまとめられていた。

それによると、自力とは、自分の力で修行し悟りを得ようとすることであり、他力とは、仏・菩薩の加護の力で、特に阿弥陀仏の本願の力で極楽往生することであると書かれていた。

これは大分後のことになるが、わたる　が悟りを得ようと死に物狂いで修行に没頭していると阿弥陀仏が自ら現れたことがあった。

それが正に実体感を以て現れたので、その瞬間は現実と捉えたほどであった。

禅師の警策（きょうさく）が肩に触れ、〝喝〟が飛び我に返ってから、夢想と現実との境が判然としなくなったが、その記憶は、高齢になった今も　わたる　の脳裏に確として存在している。

いずれにせよその時から、わたる　の心の中では、最早修行における自力・他力の区別はなくなっていた。
そしてもう一つその頃から　わたる　は、施薬院の操体部門の修業に誘われることが多くなり、その知識・技術の向上がすこぶる際立ち始めていた。

十六

そんな矢先、思いも掛けなかったことが起こった。

それというのは、A禅師が取り仕切っていた大型外洋ジャンクが大量の積み荷を積んだまま、南方の海に沈んだというのである。

積み荷のほとんどは、大量の陶磁器であったが、このことについて話す前に、清国の陶磁器交易の歴史について少し触れておく必要があるかも知れない。

先ず明代の末、西の江西（チアンシー）、景徳鎮の官窯（かんよう）すなわち官立の窯（かま）で焼かれ技の限りが尽くされた色絵磁器は、主に中東・欧州の上流階級に向け交易されていた。

これに対し、南の福建（フーチェン）、漳州（チャンチョウ）の民窯（みんよう）すなわち民間の窯で焼かれ大量生産された日用雑器は、主に東南アジアに向け交易されていた。

ところが明朝が終わり次に清朝になると、清は南方との交易を禁止してしまったのである。

一方、隣邦も徳川の世ともなるとその茶人たちによって、漳州、民窯で焼かれた赤絵を、呉須手（ごすで）と称し珍重するようになった。

これは、当時の隣邦において呉が明の南方地方を意味し、その呉須赤絵の作為のなさが、侘茶（わびちゃ）すなわち簡素静寂を重んずる〝茶の湯の道〟と通じたためと思われる。

ただその後、景徳鎮、官窯でも洗練された熟練の技によって、呉須赤絵の色絵磁器の写しがつくれるようになり、今般A禅師が取り仕切った大型外洋ジャンクも、それらを大量に積み込み〝琉球〟さらにはかつて　わたる　たちが長崎港で見た、あのできたばかりの西洋式ドックをも建設した雄藩S藩へ向かう手筈になっていたものであった。

情報を得た清朝の地方支所は、早速Z禅寺の総責任者であるA禅師を呼び出し、事情を聴取した。

取り調べの内容は多岐に渡っていた。

先ず情報の真偽を確かめた上で、何故〝琉球〟方面に向かっていた筈の大型外洋ジャンクが南方の海で沈没したのか？

次に風聞の真偽を確かめた上で、近頃〝琉球〟方面から北東方向へ漂流する不明船を目撃したとする情報が二三届いているが、何等かの関連があるのではないか？

さらにその〝琉球〟の北東、S藩は、昨今政情が不安定な隣邦にあっても、〝密貿易〟など兎角の好からぬ風評を聞くが不正な取引はなかったか？

最後に今回の取引が届け出の通り、景徳鎮、官窯との正当なものであったとしても、売掛代金の未収分に抵当権を設定したる行為は、商慣習上はあり得たとしても、寺が行う副業としては極めて賭博的であり、商業道徳上あり得ない。

寺としては、この借入金をどう支払うつもりなのか？　等々極めて手厳しいものであった。

わたる　は、最初何が起こったのか分からなかった。

その内、概要を理解してからも、あの老東のことだから、たちまち難関を切り抜けてくれるものと思っていた。

確かに当初は当局が提示する様々な難問を、巧みに切り返すA禅師の様子が漏れ聞かれた。

しかし拘禁の期間が長引くにつれ、漏れ聞かれる情報も乏しくなり、心配ばかりがつのった。

さらにその内、副収入を断たれたZ禅寺では、朝夕に出る精進料理の皿数が減り、あれほど身体の不潔を戒めていたのに入浴の回数が減った。

大僧正Y大師までが、少数の禅僧・雲水を伴って自ら檀家を回り応分の喜捨を乞うた。

だがその内、実家の裕福な雲水たちの中から、一時帰宅を願い出る者もあらわれはじめると、施薬院の人手までが不足するようになった。

そんなころ漸く東禅師が拘留から解放されたのだが、その面立ちの変わり様と言ったら、皆言葉を失ったほどであった。

頬は痩せこけ身も心も疲労困憊の絶頂に達していたのである。

先ず風呂に入れ、次に床につけ、最後に重湯を与え、わたる　は、B雲水とともに瀬戸内の島での海難事故当時の東禅師のことを思い出していた。

あの時も持ち堪えられた（もちこたえられた）のだから今回も……二人は同じ思いで一心に介護にあたった。

そして今回も幸いなことにあのときように、東禅師の心身は次第に回復していった。

ほぼ回復した頃　わたる　は、「しばらく托鉢修行の旅に出ようと思うのですが……。」とB雲水に相談を持ち掛けた。

この時、意外にもB雲水は、「しばらく時間をくれ。」とのみ言って、その場を離れた。

数日が過ぎた頃B雲水は、「修行の旅は、どこへ向かうつもりだ?」と尋ねた。

わたる　は、しばらくあって「はっきりは決めていないのですが、黄河を西に上ってみようと思っています。」とのみ答えた。

「分かった。それならば西安（シーアン）府にこの禅寺の本山X大寺がある。小海がそこまで辿り着けるか、あるいは仮に辿り着けたとしても、X大寺がどこまでのことをして呉れるかも分らないが、これは、Y大師からX大寺へ宛てた紹介状だ。持っていて損はあるまい。それからこれは、寺からの餞別だ。」

「老陳（ラオチェン）、本当に何から何まで有難う御座います。大僧正からX大寺への紹介状は本当に有難くいただきます。ただZ禅寺がこのような時に、こちらはいただけません。その代わりと言っては何ですが、これに入れる生薬を少々分けていただけませんでしょうか?」と控えめに乞いながら、わたる　は、前面に本草操体と大書され、両側に首から吊るす編んだ布製の帯の付いた木製の小箱を示した。

「先ず私の名字の上に、〝老〟を付けるのはやめろ!　ただの〝陳〟でいい。それから餞別は、Y大師が許可を出してから以降に帰宅を願い出た者には、皆に渡しているものだ。小海には大金に思えても、Z禅寺はまだこの程度では廃寺にはならん！　貰っておけ！　それから施薬院のことでは、大変世話になった。老東の看病をしながら、近郷の農民から有志を募り輪番で手伝えるような仕組みをつくってくれ、おまけに操体を学習させ薬草の不足を補ってくれた。それを思えば、その小箱一杯の生薬など手土産代わりのようなものだ。好いだけ持っていけ！　ただしその箱の本草と操体の文字の間には、中黒を入れておけよ。そうしないと大勢の人々の中には、本操・草体と読む言葉を知らない慌て者もいないとは限らない。それからもう一つ、これらのことは、小海が願い出てからここ数日の間に、老東を通じY大師が取り計らってくれたことだ！　御二人の老師には、くれぐれもよくお礼を言っておいてくれ！　最後にもう一つ大僧正は、『道を見失ったり、行詰ったりしたら、何時でもZ禅寺に帰って来いと言って居たと伝えてくれ！』と言って居られた。ただささらに続けて、『もっとも行っただけ帰ることになるので、帰るのにも行っただけの苦労が伴うであろうが……』と何やら禅僧らしいことも付け加えておられたが……。まあ小海の僧衣が、瀬戸内の島で海平雲水の身体を温めた石を包んだ、あの布のようになる前には帰って来い。」

わたる　は、すべての旅支度を整え、その数日後お世話になった多くの人々に熱い礼を交わし、四年余りを一途に過ごしたZ禅寺を後にすることとなった。

一八歳、あと少しで一九歳の　わたる　は、旅装のまま例の小箱を胸に下げ、両手を合わせ万感の思いを込めて「南無」と一言唱えるや、振り向きざま見返りもせず黄河を西に向かった。

十七

黄河の滔々（とうとう）とした黄土の流れを右手に見ながらその南を、流れを遡るように一路西に向かった　わたる　は、決して馬に頼ることはなかった。

大道に沿い貧富を問わず各戸を訪ね、布施を乞いその米銭を鉄鉢に受けた。

ただ他の修行僧と違うのは、その折、経文を唱えるのみならず最後に「本草・操体の御用承って候」と唱え、用命がなければ「ご一家ご家族のご健勝ご多幸を祈って候」と唱えて去った。

あるところで、こんな日があった。

「御坊、丁度良いところへ御座った。家（うち）の娘が俄（にわか）な咳き込みで困っておる。治る者なら見て下さらぬか。」

「それでは、上がらせていただきます。ところで娘さんは、幾つになられます。」

「八つになります。」

「おお、この方か。」

わたる　は、その子の背後に回り、両手を取って、その丸められた背中を起こし、狭められた気管や気管支をひろげるような体操を、繰り返すよう誘導したに過ぎなかったのだが、その子の咳き込み発作を止めることができた。

「お父上、夜激しく咳き込む病を『喘息』と言い小さなお子さんが、夜、布団の上で背中を丸め咳き込む姿は、見るも忍びないものがあります。息苦しいがゆえに、背中の筋肉を使って呼吸しようと、丸い背中をさらに丸めるのでしょうが、それでは狭められた気管や気管支をされに狭めることになり、息苦しさを増すことになります。」

「仰せの通り娘は喘息の長患いで苦しんでおります。風邪・腹痛などを治す僧医なら地元にも大勢おりますが、この娘（こ）の喘息を治せる者は一人も居りませんでした。ただ女の子でもありますし、世間の口さがない口の端に上りはせぬかと『喘息』とは申し上げませんでした。お許し下さい。御坊！　御坊は、御若いのに見事なお腕前でいらっしゃる。娘の喘息治りましょうか？」

「違います！」

「え！」

「人に治してもらうというのではなく、体操をして自分の力で治ったという自信が、お子さんにはとても大切なのですよ。」

「御坊！　御坊は、常日頃はどのようなところにお泊りか？」

「拙僧は、黄河を西に向かう托鉢僧ゆえ、常宿などは御座いませんが、大抵の場合はその土地の同系列のお寺に、お世話になることが多を御座います。」

「それでは、この娘が治るまでとは申しません。せめてその体操を覚えるまで、我が家にご逗留下さらぬか？」

裕福な商家ではあったが、娘の喘息の治癒に目処が付くまでと思い立ち、十日近くが過ぎ咳き込みの発作も出なくなったころ、わたる　は「もう大丈夫です。あとは、体操を毎日欠かさないこと。もしご両親がご心配なら、何枚かの蒸籠（せいろう）で蒸した新しい雑巾を肌温に冷まし背中を温め、これを上げて下さい。」と杏仁（きょうにん）を渡した。

両親は、今少しの逗留を勧めたが、わたる　は、西安府を目差す身であることを告げこの地を後にした。


またあるところでは、こんな日があった。

「お坊さん！　食べて行きなされ！」

河原で暖を取りながら河漁師らしき男が、右手に持った串刺しの焼き魚を示した。

「それとも殺生（せっしょう）になるから、食べなさらんか？」

わたる　は、焚火に近づき、その男の横に腰を下ろした。

「喜んでいただきます。」

「ところでお坊さん！　腰の痛いのは治らんかね？」

「腰痛？　どなたが？」

「目の前にいる私……。」と右手の人差し指で自らを示した。

「一度立ってみて下さい！」

男はおもむろに立ち上がったが腰は伸び切っていなかった。

「もうずいぶん前からこの調子で、今日はまだいい方です。仕事が仕事だけに、いつできなくなるか不安で、治して下さらぬか。」

わたる　は、その男を河原の砂地で平らなところに仰向けに寝かせ、両膝を取って腰を丸め、痛みが抜けるまで休んではそれを何度も繰り返した。

「もういいでしょう。もう一度立ってみて下さい。」

男は再び立ち上がったが、今度は先程より真直ぐに立てた。

「腰の反り込みが通常以上であることが、すなわち『でっじり（出尻）』『でっぱら（出腹）』状態であることが見て取れます。これではお尻から足の方へいっている神経の根元が、背骨の骨と骨の間にはさみ込まれ、お尻から足にかけて、びりびりした痺れが走るのも無理からぬことだと思われます。」

「本当言うと、もうここ何年も脚に痺れがあって、寒いときなど特にそれがひどいので、漁にも支障が出始めていたところです。お坊さん！　どうか治して下され。」

「いや、人に治してもらうというのではなく、体操をして自分の力で治そうとする気持ちが大切なのです。」

「お坊さん！　お坊さんは、いつもはどんなところに泊まりなさる？」

「拙僧は、黄河を西に向かう托鉢坊主、決まった宿などありません。大抵はお寺か、民家か、あるいは民家の納屋か、それもだめならその軒下か……。」

「それなら、せめて漁に支障が出なくなるまで、あそこに泊まっていっては下さらぬか？」

そこは漁の間だけ河原に仮に張った天幕であったが、わたる　は、その河漁師の腰痛が漁の支障にならなくなるまで、そこで数日間を過ごした。

「あとは、漁に出る前、漁から帰った時、体操を忘れないこと、特に漁から帰った時、黄河の水を焚火の火で温め、そこに雑巾を付けて絞り、それを腰に当て臍の下に枕をかい、うつ伏せになってしばらく休むこと、寝る前に腰にこれを湿布して下さい。」と蒴藋（さくちょう）を渡した。

そんな日々を過ごし数か月が過ぎたころ、あるところで終にこんな日が来た。

黒い作務衣を着た十数人の男たちに、取り囲まれたのである。

その周りにも、さらに彼らを取り囲むように、灰色の作務衣を着た何人かの女たちもいた。

その女たちの中には、むしろ艶めかしい色取り取りの着物を着た女もいた。

その内の一人、黒い作務衣の男がいきなり　わたる　の僧衣の襟首を掴んだ。

わたる　は、咄嗟にその腕を巻き込むや腰の発条（ばね）で跳ね飛ばした。

もうそれからは、入れ代わり立ち代わり黒い作務衣の男たちが、わたる　の身体目掛けて飛び掛かって来た。

わたる　は、どこを掴まれようとも、しがみついた相手の体のその一部を取って巻き込みまた払い、恐らく一人三回は撥ね飛ばしたであろう。

しかも投げるたびに、相手にとって大切な頭だけは、固い地面にぶつけないよう、そこと地面の間に絶えず足の甲を差し入れていた。

その早いことと言ったら、まるで阿修羅の化身のようで、何事が起ったかと周りに集まった見物人たちの目にも止まらぬほどであった。

いよいよと思った男たちの中の特に大柄な二人が、わたる　の左右から　わたる　目掛けて掴み掛かった。

わたる　は咄嗟に、それぞれの男の左手と右手を取って、そのまま木と木の間を結び〝通行止め〟にしていた綱のところまで、さっさっさと走り寄って、パッと両足を水平に飛び上げるや、その綱を飛び越えるようにして男たちの左右の手を引き、左右の足裏を支点に二人の男の身体を支えたので溜まらず、男たちは翻筋斗（もんどり）打って二人同時に綱の向こうに投げ飛ばされた。

わたる　は彼らの間に着地した。

「覚えていろ！」男たちは口々にお決まりの捨て台詞を残し去って行った。

「お坊さん！　あんた本当に強いね。手荷物取っておいたよ。」

綱の向こうにいたのは、水夫風の男であった。

それは、男たちとの格闘の最中、わたる　が咄嗟に綱の向こうに投げたあの薬草箱と鉄鉢であった。

日ごろ、貴重品は胴巻きに巻き付けていたので、それらについては無くなったら止むを得ないと思いつつ投げたのだったが、正直に取っておいてくれた人がいてほっとした。

ただほっとした拍子に、わたる　は、無性に右胸に痛みを覚えた。

「お坊さん！　やっぱりどこか痛めなさったね。向こう岸のM．B．先生に見てもらいなされ。渡し賃はいらないよ。」

正直な上に馬鹿が付くほど親切である。

「いや、いつも緊急でM．B．先生の所へ行く乗客は、ただで乗せることになっているのだよ。

その代り我々水夫もM．B．先生には、ただで見てもらっているのさ！」

そこは船の渡し場のようであったが、待合の小屋らしきものの中には長椅子が一つあるだけであった。

「これさ！」

「えっ！　これは、筏（いかだ）！」

「大丈夫！　この筏の裏には、豚の浮袋が一杯付いているのだよ！　もっともM．B．先生は、豚肉は食べないけどね！　あれをご覧なさい！」

「あちらの船の渡し場の方が、立派な船が沢山あるのだね。」

「お坊さん！　あんまり我々を見縊る（みくびる）と怒るよ。あの船底は皆M．B．先生の養生園の屋根だよ。」

乗ってみて分かったことだが、その櫓捌きの巧みなことと言ったら、大河の蛇行を利用しているとは言え、濁流をわずかでも遡上し、河岸まで漕ぎ着けるその技量の高さには、ほとほと感心した。

「知らぬこととは言え、これは私が悪かった。許して下さい。」

「お坊さん！　冗談だよ。それよりもう直ぐ着くよ。あの筏の渡し場から少し上ればM．B．先生の養生園の屋根が見えるよ。ただ言って会ってみりゃ分かることだが、M．B．先生は清国の人じゃないからね。じゃあお坊さん！　お大事にね！」

渡し場に下りてみて、立てかけてある筏の裏側を見てまた分かったことだが、豚の皮だけを残して中を空にして空気で膨らませた浮袋がびっしりと敷き詰められていた。

モハメド・ババとの出会い

十八

「大体は呑み込めた。」

わたる　の説明の一言々々に鋭い眼光を向けながら、恐らくは胡人と思われる、その大柄な紫髯緑眼（しせんりょくがん）の壮士は呟いた。

彼は、わたる　の胸郭を前後・左右から両手で軽く挟むように圧迫し、痛みの位置を確認した。

「これまでの武術の稽古で、この辺が痛かったことは？」

「言われてみれば、その辺り（あたり）に痛みを感じつつ、稽古を続けた時期がありました。」

「ここに、その痛みのいい理由がある。胸板の右の肋軟骨と肋骨の間が、縦にずれたままくっ付いているよ。この辺りの治まっていた古傷が、その武勇伝でまたぶり返したのだろう。」

わたる　は、両手の指先で右胸の言われた辺りを触ってみた。

すると確かに縦に棚違いの裂隙が感じられたので、そのまま息を吐き両指先を肋骨の下に滑り込ませ、右の胸郭全体を持ち上げ、さらに稽古の時とは反対方向に上体を捻りながら右胸を張ってみた。

「骨格の調整は、知っているようだな。それで痛みは？」

わたる　は、二度三度咳払いをしてみて、「先程よりは、楽になっています。」と感じたままを答えた。

「中々なものだ。」

「いえ、体が自然に動いただけです。先生のお見立てがなかったら、こうは、行きませんでした。」

「患者を治す場合なら、術者は一本々々の肋骨について、通常は背後すなわち背中側から、偏位と反対方向に押し出したり凹ましたりして調整するものだ。」

「本当に勝手なことを致しました。」

「それで、患部に熱感は？」

「まだ少しあります。」

「黄檗（オウバク）で冷やして、晒し（さらし）を巻いておきなさい！　気が向いたら泊まっていけばいい。多少見どころはあるようだ。」

あくる朝早々、わたる　は、園の泊患者の一人から叱責を受けた。

「おい！　おい！　そこで顔を洗う奴があるか。そこは、ウドゥーの場所だ！」

「申し訳ありません。他の患者さんにお聞きしたら、顔を洗うのならそこだと言われたものですから……。」

「それはそうに違いないが、ここはサラートウすなわち礼拝の前に、身体を浄める小浄すなわちウドゥーのための水場だ。顔を洗うだけなら、あちらの洗面場を使いなさい。」

わたる　が、微かに聞こえるアザーンの清澄（せいちょう）を耳にしながら洗面場で楊枝を使い、口を濯ぎ（ゆすぎ）、顔を洗い終わって帰ってみると、それまで微かに聞こえていたアザーンは最早聞こえず、再び清められた小浄の水場で身体を浄めてから、丁度朝の礼拝を終えたばかりの、数人の人々に遭遇した。

「私たちは、ムスリムつまりイスラーム教徒なのです。だからメッカの方向に向かって日に五回礼拝をするのです。あなたは、ムスリムではなかったのですね。御免なさいね。礼拝を終えたM.B.先生は先に帰られ、あなたを一番東奥の船底の屋根の棟で待っておられます。」

わたる が最初に洗面の場所を尋ねた、頭から顔にかけて尼僧のように布で覆った、恐らくは清国人と思われる中年女性から詫びるような一声を掛けられた。

「お邪魔いたします。」

わたる は、暖簾（のれん）のような天幕布の左右の端につけられた、石の錘（おもり）の手前で声をかけた。

「お入りなさい。」

「まあ、掛けて。」

「あなたも、昨日から今日にかけて習慣の違うところで、大変だったようだね。それはそうと、どう、よく眠れた?」

「お陰様で、疲れも手伝って、先ずよく眠れました。」

「右胸の痛みはどう?」

「お蔭様で……」

わたる　が言い終わらぬ内に、わたる　の左傍ら（かたわら）に座ったM．B．師は、右手の親指を右肋骨の根元に当てながら、左手を右肩に乗せ　わたる　に背中を丸めさせては、再びその背中を張らせながら親指でその肋骨の根元を微妙に押し出すことを上から下へ順繰りに繰り返した。

「咳き込んでごらん。」

二・三度咳き込んで　わたる　は、「もう痛くありません。」と様子を伝えた。

「まだ治ったわけではない。あと数日黄檗で冷やして、そのあとは山梔子（さんしし）で血流をよくするといいのだが、いま生憎、山梔子末が切れていてね。君一度、梔子（くちなし）の乾燥させた果実を薬研（やげん）で擂り卸してみてくれないか？」

「分かりました。」

「さて、それで、もし差し支えなければ、あるいは差し支えない範囲だけでもいいので、君のこれまでの生い立ちなど、少し聞かせてもらえればありがたいのだが……。」

問われるままに語り始めた　わたる　の話が、佳境に入り咄咄（とつとつ）人に逼り出すとM．B．師は、中華粽（ちゅかちまき）の皿を運ばせ、その一個を右手で千切るように摘まんでは食べながら、わたる　にも奨めた。

わたる　の話が一段落すると、今度はM．B．師が、語り掛けた。

「先ず、昨日の奴らは、恐らく道教の連中だろう。」

「えっ！　道教と言えば、この国の三大宗教の一つではないですか！」

「それはその通り、道教と言えば、この国の民衆信仰にあって大なる存在だ。だが、昨日の連中は、言わばその名を騙る（かたる）偽物だ。」

「そんな！」

「君は、今まで寺の住職と言い、島での古老や青年と言い、良い人良い人で来たようだが……、私は思うのだがね。そうした流儀は、君の国にとって大変な長所であると同時に、残念ながらわずかに短所でもあるようにね。無論、師から弟子への教えの伝承には、最高に素晴らしいものがある。例えば、君は今、道教と言われて何を連想したか？　恐らくは、この国の三大宗教の内の他の二教、仏教・儒教と同じように、その根本原理である老荘思想のような高邁な哲学だろう。いや、それどころか生死を超えたその哲学には、最早、宗教と言ってもいいものがある。だが一方、実際には、その歴史の流れの中で、例えば古代においては、呪術的な治病を中心としたり、仏教との抗争を通しては、様々な思想をその体系の中に取り込んだりしてきたのだ。いずれにせよ、その連中は、そうした者の端の端にも入らない、その名だけを借りた言わば不良の群れだ。はっきり言っておこう、彼女らの中には春を鬻ぐ（ひさぐ）者もある。君は、そんな彼らから商売の縄張りを荒らされるとみなされたのだ。」

「ところで、この中華粽どうだ？」

「とても美味しいです。」

「何か気付かないか？」

「豚肉が入っていません。」

「その通り！　我々は宗教上の理由から豚肉が食べられないのだよ。」

「ほかには何か気付かないか？」

「M．Ｂ．導師は、さっきから右手だけを使って食べておられます。」

「先ずその導師はやめろ！　導師はもともと仏教用語だ。ところで何故右手だけを使って食べているかわかるか？」

「回教では、左手を不浄としているのではありませんか？」

「次に回教という言い方は、君の国の言い方だ。この国の人間も清真教と呼ぶが、正しくはイスラーム教だ。さらに左手を不浄とするのは、ヒンドゥー教だ。イスラーム教では、右手と左手の使い分けは単なる役割分担だ。」

「今日は、ここまでにしよう。それでは、梔子の摺り卸しをよろしくたのむよ。」

あとで分かったことだが、乾燥させた梔子の実は、全部で南京袋に六袋分もあった。

しかもそれら全部を乳鉢も使わずに、篩（ふるい）で濾し出されるまでに、薬研だけで磨り潰さなければならなかったのだ。

数日が過ぎて　わたる　は、またM．Ｂ．師に呼ばれた。

「どう山梔子末は、もう大分できた？」

言いながらM．Ｂ．師は、再び　わたる　の左傍ら（かたわら）に座った。

「まだ半分以上残っています。」

「だったらもう半分近く、山梔子末になったということじゃないか。」

言いながらM．B．師は、再び　わたる　の右肋骨の根元に右手の親指を当て、右肩に左手を乗せ軽く背中を丸めさせては、再びその背中を軽く張らせながら、親指でその肋骨の根元を微妙に押し出すことを、上から下へ順繰りに繰り返した。

「ずっとあれから今日まで、薬研だけで梔子の実を磨り潰していてこれなら、もう大丈夫だ。そろそろその山梔子末をお湯で練って湿布していいだろう。」

「ところで今日は大事な話があるよ。君の国で革命が起こったのだ。私の情報は、フランス語の新聞からのものだから、もっとも半月まえのものだが……、そこからの抜粋だからほぼ間違えはない。王政復古が起こったのだ。これまで潜在的君主であった天皇が、再び政権を握ったのだよ。それからそこに非常に興味深い『武士道』についてのこぼれ話が載っていてね。官軍に追われた幕軍を援護しようとしたフランスの仕官が、『諸君らの申し出は誠にかたじけないが、これはわが国民によるわが国の戦（いくさ）だから……』と幕軍の総帥から丁重に断られた後で、その士官たちが見聞した話だそうなのだが、それは、幕軍側の婦女子に対する、官軍の一部兵卒の余りに理不尽な言動を見かねた、官軍に味方していた老人と青年の二人の侍の話でね、それを咎め立てもしないで見て見ぬ振りをしていた上官もろとも、切り捨てたのだそうだよ。しかもその二人は、その場で腹を切ったそうだ。そしてその二人の名なのだが、老人の方が百瀬耕雲斎、青年の方が高崎小四郎というのだそうだが、君、どこかで聞き覚えはないかね？」

「お話した島での古老と青年の名に、極めて似ています。あの二人なら、ありそうな話です。でもただ出来ることなら、別人であってほしい。出来ることなら、二人とも生きていてほしい。でも

M．B．先生は、どうやってそのフランス語の新聞を、手に入れたのですか？」

「新聞そのものを、手に入れたわけじゃない。その情報を手に入れたのだよ。君には、どうせ分かることだし、言っておいた方がいいだろう。先ず君にここで最初に、小浄の水場を教えた女性を覚えているだろう。実は彼女には、私と同じ中東の血が流れているのだ。ただそこは、あの尼僧の布で覆われている。その彼女の義妹が、私がいたS市の図書館に今もいて、情報を流してくれているのだよ。」

「先ずその市の正式な名称は何といって、どこにあるのですか？　また義姉である彼女は、何故私をイスラーム教徒だと思ったのですか？　私は、このように仏教徒の托鉢僧の服装をしています。そしてM．B．先生とその市およびその図書館それからフランス語とは、どうかかわるのですか？」

わたる　は、少し興奮気味に尋ねた。

「分かった　わたる　順番に話そう。先ずその市の正式な名称は、西洛（シールオ）ただし西安のような清国の直轄都市ではなく、言わば土侯の支配する城砦都市だ。西安は今でこそ古都だが、昔はあの長安（チャンアン）、中東からの人々も行き交った国際都市だったところだ。西洛は、その五分の一にも満たないが、経済的には、その西安との関係で充分独立してやっていけるだけの基盤を持っている。夜になると黄河の西の対岸に仄かな（ほのかな）灯りをみたことはないかい？　あれば、そこがそうだ。ここへ来た筏で対岸の西の端の渡し場に渡れば、そこから西へ徒（かち）でもう程遠くない。次に義姉の彼女が君をムスリムと思ったのは、君の顔立ちのせいだ。

どこか中東の面影がある。まあ、そのことについては長くなるので後でまた話すが、服装については、例えば彼女だって尼僧の布を巻いているじゃないか。ただ服装の代用はあり得たとしても、問題は言葉の代用だ。適当な訳語がないため、仏教用語を当てたりする。そのことについては、この間も少し触れたが、戒めるべきは、そこから曲解が生まれないようにすべきだということだ。そのことは、例えば君がもし托鉢僧と言われる代わりに、ファキイルと言われたら矢張り戸惑いを覚えるだろう。それと同じことだ。もっともこのファキイルと言う言葉も、イスラーム教では苦行僧をあらわし、バラモン教ではじめて托鉢苦行僧をあらわす呼び方なのだが……。それから私とその西洛とのかかわりだが、西洛はそこから遥か南西に飛び地ながら領土をもっていて、そこがユナニーイスラーム医学の東端の端になるのだ。私はそこにある民族伝承医学の大学施設に教授として招かれたのだ。ここで今一度、方向と呼び方を、少し整理しておこう。君たちの国では、我々の地域を西域と呼ぶが、それはあくまでも君たちやこの国から見た言い方だ。一方『英国の領土で日の沈むところはない』などと言うように英国から見れば、地中海の東が近東、インドあたりまでが中東、合わせて中近東、君たちの国は東洋の東端の端だから極東というわけだ。だからその飛び地を、ユナニーイスラーム医学の東端の端と言う言い方も分かるよね。それから私は、その民族伝承医学の大学施設での成果が認められ、西洛に招聘されたのだ。その西洛の図書館で図書司書をしていたのが、彼女の義妹だ。最後に私は、フランスのS大学に留学していたことがあって……あっ！　わたる！　いかん誰か来てくれ！　彼は今どこに入居している？」

「西の三番で、山梔子末の製薬にあたっています。」

「私の隣、東の二番に移せ！　脳貧血だ！　床（とこ）を敷き、両足を少し上げて寝かせてやってくれ。」

大型の河船それも廃船の船底を屋根に、舳先をもたげその左右を竹の柱で末広がりに支え、床だけは船大工の仕事で木枠の升目に床板を縦に渡した棟（むね）が、東と西に三棟ずつ向かえ合わせに建てられ、奥から河岸へ東の一番から西の三番まで六棟、更にその西に女子棟がこちらに背を向け、西向きに女子の一番から三番までもう三棟合わせて九棟、仮設としては、もうこれ以上物理的にも社会的にも無理なほどに、恐らくはこの大河で最も広い河原を一杯に占拠していた。

十九

「その後、調子はどう？」

「あれからは、脳貧血を起こすようなことはないのですが、瀬戸内の島でのことが頻り（しきりに）に思い出されて、夜よく眠れない日々が続いております。」

「私もあの時、蒼ざめた君の顔を見て、心に衝撃を受けているであろうことを内心察してはいたのだが、君の頭の中のもやもやの方を、まず先に整理してあげたく思って、少し焦ってしまったのがいけなかったようだ。私もまだまだだね。」

それでも　わたる　は、数日前の話の続きが聞きたかったので、「M．B．先生！　構いません。その方が、気が紛れますから、話の続きをお聞かせ下さい！」と続きを乞うた。

「そこまで言うのなら、話を続けてもいいが、気分が悪くなったら早めに言うのだよ。」M.B.師は、そう断りを入れてから、また話し始めた。

それも古い昔の、何やら難しい話から……。

「西暦三二五年のニケーア公会議などにおいて、創造神である父なる神、子なる神イエスそして聖霊の三者は、本来一体の者であるとした三位一体説が正統派と認められるようになると、それ以外の教説は全て異端とされ禁止されるようになった。そこで西暦四三一年のエフェソス公会議においても、イエスの神性と人性を区別する二性説を唱えてマリヤを〝神の母〟と呼ぶことに反対した、当時の首都コンスタンティノープルの総大司教であったネストリウスもまた異端とされ、彼は祖国東ローマ帝国を追われエジプトに没した。だがその後、そのネストリウスの信奉者たちは、正統派から圧迫を受けながらも、ひとまずペルシャに逃れ、そこを拠点としてアラビア、エジプト、インドそして終にこの国にまで布教の手を広げた。七世紀当時〝唐〟と呼ばれていたこの国においては、その教説は〝景教〟と呼ばれ、一〇世紀ころまで栄えた。だから当時その〝唐〟の都があった長安すなわち現在の西安には、今も景教に関する碑林が残されているほどだ。私は、そうしたことをイスラーム留学生として、フランスのS大学で学んだのだ。それどころか、そこではフランスの最先端の哲学、特に政治哲学なかでも『民約論』という著書をあらわした思想家の、社会契約論にも触れることができた。そして彼の著書の中に『民族の数だけ宗教はある。』という一節を見つけたとき、私は何かそれまでの、もやもやした気持ちが青空のように、一度に晴れ渡るのを感じたことがあったよ（『お祖父ちゃんは、この思想家の著書をこの後、西洛の図書館で見つけたのだが、彼は、Jean-Jacques Rousseau（1712~1778）フランスの作家・思想家だった』）。そしてもう一人の思想家の著書『寛容論』においても『絶対はなく、全てが相対である』ことを知った時、私の心の中に『寛容』が生まれ、それまでの『相対的なものの中に、ぽつんと絶対的なものがあったとしても、それもまた相対的なものにされてしまう。』とする考え方からも解放され、むしろ全てのものに対する『寛容』すなわち『愛』が芽生えたのだよ（『お祖父ちゃんは、彼の著書についてもこの後、西洛の図書館で見つけたのだが、彼は、Voltaire本名François-Marie Arouet（1694~1778）フランスの作家・啓蒙思想家だった』）。それからそのキリスト教ネストリウス派は、君の国にも伝わっているのだよ。少なくとも私はそう考えている。聖徳太子は、知っているね。実は、その名は死後の諡（おくりな）でね。生前の実名は、厩戸豊聡耳皇子（うまやとのとよとみみのみこ）と言って、その名の由来は、母である穴穂部間人皇女（あなほべのはしひとのひめみこ）が皇子（みこ）を馬小屋あるいは馬小屋の隣で出産したことに由来すると言われている。また正史『日本書紀』の中にも聖徳太子が、衣食を与え勇気づけた人物が、墓の中からよみがえったためか、墓が空っぽであった。どうやらその飢えたる人は、仏様の権化だったのではないか、という話も出て来る。その聖徳太子の側近中の側近に渡来人、秦河勝（はたのかわかつ）なる人物がいるのだが、この人が景教徒であった可能性がある。その秦氏（はたうじ）の氏寺である広隆寺は、もともと太秦寺（うずまさでら）とも呼ばれていたように、京都太秦（うずまさ）の地にあるのだが、大秦は、歴史的にも当時のこの国ではローマ帝国を意味し、大秦景教もまたネストリウス派キリスト教を意味した。また秦河勝は、猿楽の始祖ともされ、能の観阿弥・世阿弥親子も、河勝の子孫を称していたように、歌舞芸能の神としても信仰されている。私の調べたところでは、そうした芸能に携わる場合などをも含めて、そのころからペルシャをはじめ中東の人々が、この国や君の国にも移り住んだことは十分考えられることだし、私が言っているのは、君に小浄の水場を教えた彼女や、もしかしたら君の祖先にも、その血がどこかで流れているのではないか、ということなのだよ。さてところで私が西洛に入ったとき、すでに先客がいてね。それが英国系ネストリウス派宣教師J．B．司祭だったわけだが、彼はそのとき、すでに西洛の土侯L．W．侯の信任も極めて厚く、政治的な発言力も強かった。それに対して私はと言えば、そのころユナニーイスラーム医学を中心に世界中の民族伝承医学を研究していたころだったので、その分野の顧問としての招聘だったようなのだが、私もまだ若く宗教上の立場の違いもあって、西洛の自治に関する会議の場などにおいても、ついついフランスS大学哲学研究生時代のことを思い出して、『英国では、英国国教会がお国の宗派ではないのですか？』『それは確かにそうですが、私の先祖は、英国国教会成立当時すでに中東に移り住んでいました。』『その当時あなたの祖先は、カトリックではなかったのですか？』『確かに移り住んだ当時は、そうだったのかも知れません。しかしその後、地元の風土や人情に触れ、ネストリウス派に改宗したものと思われます。』とまあそう言った具合でね……。」

「M．B．先生、一つお聞きしたいのですが、遠い祖先のことまでは、私には分かりませんが、今現在イスラーム教とキリスト教は、全く相容れないものなのでしょうか？　マホメットは何と言っていますか？　コーランでは如何（どう）なっているのでしょう？」

「先ずマホメットではなく、ムハムマドだ。次にコーランではなくクラーンだ。最後にムハムマドは、メッカにおいて天使ガブリエルから啓示を受けたが、天使ガブリエルは、キリスト教の新約聖書においては、マリヤに現れイエスの受胎告知をしたとされる。またクラーン二：87には、『われはモーゼに経典を授け、そして使者たちをしてそのあとを継がせた。またわれはマリヤの子イエスに、明証を授け、かつ聖霊でかれを強めた。』とある。」

「どう？」

わたる　の質問に答えながら、M．B．師は、わたる　の傍らに座し、初見のときと同じように、わたる　の胸郭を前後・左右から両手で軽く挟むように圧迫し、痛みの程度を尋ねた。

「もう痛くありません。」

「あとは、日にちが薬だ！　ところで、山梔子末の方はどう、もう出来た？」

「あともう少しです。」

「結局のところ、意外に早かったね。ところで君は、華佗（フォアト）については知っているかい？」

「いえ、あまりよくは……。」

斯くしてM．B．師の応答は、すでに　わたる　の質疑の範囲を超えていることを互いに知りつつも、その応答は次の質疑が自然に誘発されるまで、続行されたのであった。

「そう、それでは、華佗についても今少し話しておこう。彼は、紀元三世紀すなわち後漢末、魏・蜀・呉の三国時代、魏すなわちその西洛周辺を中心としたこの地域初の名医でね、中国伝統医学における特筆すべき存在だった。それと言うのも、麻酔薬である『麻沸散』を考案し、戦傷した武将などに外科手術を施したりしたからだ。華佗は当時、この『麻沸散』を用い、脳腫瘍のような深部の病根をも、外科的手術によって除去することに成功したといわれている。もっとも魏の始祖、曹操、没後の謚（おくりな）、武王の侍医をしながらも、その子、丕、追尊名、武帝の招聘には応じなかったため、殺されたともいわれてもいるがね……。君の国でも徳川の世の後期、確か西暦一八〇四年頃と記憶しているが、モートンのエーテル麻酔の発見に先立つこと四〇年、通仙散、別名、麻沸湯と呼ばれる全身麻酔の発見によって、乳癌の手術などに成功した華岡青洲の場合もまた、当時の整骨家に伝承していた和漢薬、すなわち曼荼羅華（マンダラゲ）、草烏頭（とりかぶと）、白芷（ビャクシ）、川芎（センキュウ）、南星沙（ナンセイシャ）などをもとにして、華佗の『麻沸散』を再現しようとした結果だった。私の調べたところでは、乳癌の成功率は、一五〇数例中、再発はわずかに数例であったそうだ。君が健康法として興味を持ったという太極拳についても陳式・楊式・武式・孫式の四つに、今日台頭しつつある呉式など合わせれば現在五つほどの流派があるが、一説には元はすべてこの華佗の五禽戯と称する体操にあったとも言われている。ちなみに君たちが正月に飲む屠蘇（とそ）もまた、華佗の調合による健康飲料酒だ。だからこの国の人々は、正月に限らず何時でも屠蘇を飲む。」

「M．B．先生も飲まれますか？」

「私はイスラーム教徒だから、酒は飲まない。」

「失礼しました。ババ先生、お願いがあるのですが……。先生に弟子入りさせていただくことはできないでしょうか？」

M．B．師は、その言葉を待っていたかのように、一瞬にこりとしたが、再びいつもの真顔に戻って、「先ず、君の国にも馬場という名字はあるように聞いているが、名字ではなく名前で呼んでくれた方がいい。次に君なら精進努力は厭わない（いとわない）だろうから、今すぐにでも研究修行を許可すると言いたいところだが、ただ一つだけ条件がある。というのは、私は自分から西洛を出たのだから決して後悔はしていないが、ただ年を経るに連れて老婆心から西洛それからその飛び地、小西洛（シャオシールオ）通称は小洛（シャオルオ）と呼ばれているのだが、それらの地のことが夙に（つとに）心配で放っておけなくなって来ているのだよ。J．B．司祭は確かに出来た人だが、民族伝承医学については、私に一日の長がある。だから君には研修が終わったら、西洛に入り込んでもらいたいと思っているのだ。それが、私の唯一の条件だ。そしてそのためには、フランス語も少し勉強してもらいたいと思っている。西洛の図書館には、一八世紀フランスで刊行された『百科全書』全三十五巻をはじめ、すでに君に話した啓発・啓蒙の書を買い揃えて貰っている。ただし君に話した個所などは、すでに下線が引いてある。だからせめてその個所だけでも読めるように、理解できるようにしておいてもらいたいと思っているのだよ。」

「フランス語については、私の方からお願いしようと思っていたところです。西洛やその飛び地、小洛に入り込めという条件についても、私にとってはむしろ過分な有難いお話で否も応もないことですが、最終的には、（わたる　は、ここで少しためらい気味に）それでは、お言葉に甘えてお名前で呼ばせていただきますがモハメド先生、私は先生がご自身で西洛に戻られるのが一番良いと思うのですが……。」
わたる が言い終わらぬうちに、M. B. 師は、わたる の手を握っていた。
わたる は、わたる でその手をがっしり握り返しながら、モハメド・ババ師に深々と頭を垂れた。

二十

それから数年が経った。

その間、東の一番において、M. B. 師に寄り添い、その傍らで師の診療を見守り、時に手伝い続けた わたる は、自らもまた東の二番において患者を診ることを許されるまでになっていた。

そして わたる に小浄の水場を教えた女性、王鳴（ワン・ミン）もまた、このころには、自らの〝血の道持ち〟の病もほぼ癒え、女子棟の女性患者の面倒を見られるまでになっていた。

その日の診療が終わり、各棟における自らが担当する泊患者への回診も終わると わたる は、M. B. 師への報告を済ませ、言い付けに従いいつものように師の書籍や資料を女子棟の回診に伴った王鳴の助けも借りて整理していた。

「女子棟の患者さん達は、王さんには様々なことを話すようですが、私には、必要以外のことはあまり話してくれません。」

「それは、海　先生のせいではありませんわ。女性は女性でないと話せないことも、いろいろとあるものですわ。」

春とは名ばかりの風の寒い夕刻、東の一番の奥に床を四角く、くり抜いてつくられた地炉端まで呼ばれた　わたる　は、その地炉を囲みM．B．師といつものように語らいはじめた。

王鳴は王鳴で、またいつものように興味深い子弟問答がはじまるものと思い、気を利かせ、そこに二人の好きなジャスミン茶を運んだ。

「最近は何に気付き、何に疑問を持っている？」

「はい、二つほどあります。」

わたる　は、いま整理したばかりの本立ての中の一番奥の一番厚い本に目をやりながら、「先ず、あのディオスコリデスの『薬物誌』には、およそ六〇〇種の薬物が記載されていて、しかもフナインによってアラビア語に訳されています。中東のユナニ医学にとっても重要な書籍と思われますが、ディオスコリデスは、紀元一世紀のギリシャの人だと聞いています。それなら中東のユナニ医学も、古代ギリシャの影響を受けているとみていいのでしょうか？　次に翻訳者のフナインは、ユーフラテス河の下流にあるヒーラで生まれていますが、ここの住民は、なべてネストリウス派のキリスト教徒だったとも聞いています。それならば彼も、その影響を受けているとみていいでしょうか？」

「先ず中東のユナニ医学も古代ギリシャの影響を受けているのではないかとの指摘だが、それはその通りだ。何故なら民族伝承医学は、隣接する地域の影響を受けるものだからだ。逆に言えば、この国ではディオスコリデスの『薬物誌』を参考にすることはできても、そこにある生薬をそのまま直接用いることはできない。この国ではそれらを参考にしつつも、やはり漢方の生薬を用いるよりもないのだよ。君の国にも『郷に入っては郷に従え』と言う諺（ことわざ）があるそうだが、そこにある生薬は、この国では何という生薬に当たるのか？　私も大いに学びつつ、随分悩み今日に至っているのだ。換言すればヒポクラテスに代表されるギリシャ医学がそのまま直接、極東の君の国に伝わったわけではないと言うことだね。君も今までにそういう経験をしたことがあると思うのだが……。」

「はい、幾度もあります。たとえば私の国では庭常（にわとこ）と呼ばれる落葉木の茎・葉を煎じて温湿布に用います。そこで庭常のことを接骨木と書くほどですが、何度探してもこの国には、同じものが見当たりません。ただ庭常に似ていて和名で〝そくず〟と呼ばれる多年草の葉を乾かして生薬の蒴藋（さくちょう）とし外用薬に用いていることを知り、この国ではこれを用いるようにしています。」

「そう、そのように学びつつ、時として悩む必要があるのだよ。ただ逆のことも言える。それと言うのは、セム語族に起こった二つの世界宗教であるキリスト教とイスラーム教のうち、キリスト教が（M．B．師はここで　わたる　たちが折角整理したばかりの本立てから、抜き出してきた資料に少し目を落としながら……）西暦三一三年ローマ帝国に公認され、西暦三八一年その全土において国教となると、西欧社会はルネサンスを迎えるまで、キリスト教絶対の中世の時代になったわけだ。それは知っているね。そしてその後、ローマ帝国のキリスト教は、ローマを中心としたラテン語の西ローマ帝国のローマンカトリックと、コンスタンティノープルすなわちギリシャ語名でビザンツを中心とした東ローマ帝国すなわちビザンチン帝国のグリークカトリックつまりギリシャ正教に分かれた。そんななか西欧のキリスト教徒の中にも、ギリシャ哲学を学ぼうとする者も現れたが、その哲学なかでも医学だけは、この中世の時代もっぱらイスラーム圏のユナニ医学によって継承されたといって過言ではなかったのだよ。中世には、君が興味を持っているヒポクラテスの脊椎マニプレーションも、バグダッドのイブン・スィーナが、その著の中で触れたことによって、中東全域に広まりユナニ医学の一部になっているほどだ。そしてその中世末期には、そのイブン・スィーナの著がラテン語に翻訳され西欧でも出版され、逆に西洋医学復興の契機ともなったのだよ。分かるかい、西欧の中世にとっては、中東のユナニ医学によって古代のギリシャ医学が温存されたと言っても過言ではないのだよ。最後にフナインは、フナイン・ブン・イスハーフ、優秀な男で、紀元九世紀初頭確かに君の言うようにヒーラで生まれている。そこが当時ネストリウス派キリスト教の地で、その影響を受けフナインもまたネストリウス派キリスト教徒であったことも間違いはない。ただ言っておくが中東では、イスラーム教徒がネストリウス派キリスト教徒、あるいはギリシャ正教徒すなわちカトリック教徒とだって話し合ったりすることは十分ありうることなのだよ。他には聞きたいことはないのかい。気付いたこと、疑問に思ったことがあれば、何でも聞こう。もう他には何かないかい？」

「はい、それでは先ず、そのイブン・スィーナは、ユナニ医学における華佗のような存在で、西欧ではアヴィセナ（Avicenna）と呼ばれている人ですね？（ここで『その通り！』とM.B.

師は、相槌を入れた……）次に、『ギリシャ医学がそのまま直接、極東の君の国に伝わったわけではない』とのご指摘は、モハメド先生のおっしゃる通りだとは思うのですが、逆に私の調べた限りの直接的な中東から極東への影響を挙げてみますと、先ずギリシャ医学の影響を色濃く残したユナニ医学の東端は、ウイグル医学にその片鱗を見ることができると考えます。次にその極東で私の親代わりになって下さったご住職によれば、奈良・東大寺・正倉院にはインド伝承医学アーユルヴェーダの薬物、アーマラーキー（奄麻羅）、ビーターキー（呵梨勒）そしてこの国の唐代の駱駝（らくだ）の文様の見られる螺鈿紫檀五弦琵琶（らでんしたんごげんびわ）があります。さらにその琵琶の起源は、遠くペルシャの四弦のバルバッドが、中央アジアを経て紀元前後の漢代に伝わり、ビバと音訳されたものと思われます。最後にウイグルには『カサム』という名字がありますが、極東にも奈良にその先祖のある『笠目』という発音が極めてそれに近しい名字があります。」

「海　先生、居られたら直ぐ来て下さい！　西の二番のQさんが急な咳き込みです。」

丁度この時、同じ西の二番の泊患者が、東の二番にいないので、おそらくこちら東の一番だろうと思い、天幕布の外から　わたる　を呼んだ。

「モハメド先生申し訳ありません。ちょっと失礼して診てまいります。」

「ああ、またあの患者か。いつもご苦労様だね。頼んだよ。」

わたる　が、勢い良く飛び出したのと前後して、途中まで二人の話を興味深く聞いていた王鳴も、頃合いを見て夕食の準備のため、この寒空を洗面場兼流し場に行っていたのだが、この時、折しも鍋を抱えて帰ってきた。

そしてそのまま地炉の上の船底の煤けた（すすけた）天井から吊るされた鎖の鉤に、その鍋を掛け終わると、M．B．師からその場に掛けるよう促されたので、炉を挟んで彼らの席の間に対し端の方に控えめに座った。

「最近の　わたる　についてどう思う？」

「先程も私の仕事について、それとなく励ましてくれましたし、イスラームの習慣にも慣れ、最初のころとは本当に別人のようですわ。私が思いますのに、海　先生は、Z禅寺のY大師から西安の本山X大寺への紹介状をお持ちでありながら西安には向かわれず、この養生園に留まって、貧しい人たちのお世話をされるうち、自らの進歩を願う人から人の仕合せを願う人に、人が変わられたのだと思いますわ。」

「それに、もう可成り研鑽を積んだようだしね。」

「イスラーム教について学びたいのなら、西安の清真寺で学ぶ道もあったでしょうに、この養生園でババ先生に付かれる道を選ばれたのは、海　先生が仏教徒としてイスラーム教ではなく、イスラーム医学を学ばれたかったからではないでしょうか。」

「いや、わたる　は若いころの私によく似ている。あれが考えていることは、もう少し大きいのだろう。おそらく民族伝承医学そのものを学びたいのだ。」

「それが、今は、海　先生の中で義妹のいる西洛の図書館への、さらには小洛の大学へのあこがれに変わりつつあるように思います。」

「わたる　は、最早ここにある書籍や資料だけでは、満足できなくなっているのだね。私が、そうした場合よく西洛の図書館の書籍や資料の話をするものだから、あこがれも一入(ひとしお)なのだろう。彼にはまだ、その図書館がどこにあるのかも話していないというのに……。本当は、宮殿の中にあることも知らないのだよ。それでは、そろそろこの辺で、そうしたことも含めてよく説明し、予て（かねて）の我々と彼との願い通り、西洛の地に入ってもらうことにするか？」

そう言いながら、M．B．師は、「そういうことになると、いよいよ君の連絡網が、ものを言うことになるね。時季は、〝春節〟を狙うのが一番いいだろう。〝春節〟なら西洛中の誰もが、気を緩めるときだからね。」と王鳴を見つめながら、思惑ありげな目配せとともに付け加えた。

李文候の難病

二十一

〝春節〟の朝は明けた。

昼は爆竹、夜は色とりどりの花火でにぎわう対岸の西洛をよそ眼に、次の日のまだ明けやらぬ薄明りを頼りに、ここへ来た筏で水夫に訳を話し、対岸の西の端の渡し場まで、渡してもらうことになっていた。

「阿修羅のように強いお坊さん！　久しぶりだね。何年前になるかね？　覚えていなさるかい？　あのときの水夫だよ。」

「ああ、あのときの！」

「坊さんの養生園での活躍は、うわさ話に小耳にはさんじゃいたが、やっぱり、あの時の坊さんだったね。いや、あんたなら大丈夫だろう。おいらもM．B．先生からの頼みとあっちゃ、後には引けない。負かしといてもらおうか！」

言うが早いか、夜明け前のわずかな明かりを頼りに、その櫓捌きの見事なことは、相変わらずであった。

対岸の西の端の渡し場から徒（かち）で西へ向かい、黄河から西洛へ引き込まれ同市を東西に横切る運河の西端の入口まで、水夫は　わたる　と行動を共にしてくれた。

「ここに何艘も浮かぶ、沢山の商品作物を積み込んだ舢（三）板船うちの一艘、おいらの感じゃ、前から三番目辺りに潜り込みなされ！　何、今日は、〝春節〟二日目『仕事始め』とは言え、それは形式的なもので警護隊からも一人しか出てやしないし、〝春節〟気分の抜けている者は、一人もいないよ。それは、警護隊の警備役も同じことだ。そのまま夜明けまで待ちなされ！　何、大丈夫だ。」

水夫はそれだけ言い残し、去っていった。

わたる　は、夜明けまで、生きた心地はしなかった。

「だんな、葉物野菜と根菜類だよ。どれも本当なら、西安に送る大事な商品だ。かっこのいい野菜ばかりでしょう！　どうです、少し。」前から一番目、夜明けて起き抜けの青物屋が機嫌を伺う。

「いや、荷物になるから。漬物はないのかい？」警護隊から一人出ている警備役の気分も、飽く迄〝春節〟のままである。

「体菜（たいさい）の漬物ならあるよ。」

「体菜というのは、どんな野菜だい？」

「杓子菜（しゃくしな）のことだよ。葉柄が肉厚で、根から葉にかけて杓子型をしているので、その名があるのさ。寒さにとても強い、この時季の野菜だよ。」

「外に漬物は、ないのかい？」

「あとは、搾菜（ザーサイ）だね。ただお隣の四川の漬物だから辛いよ。」

「それは、どんな漬物だい。」

「芥子菜（カラシナ）の一種で、茎の根に近い太った部分を、唐辛子と一緒に塩漬けしたものさ。」

「よし、それを少し貰おうか。」

「うん、辛い！　辛いが、旨い！　よし、往っていい。あっ、一寸待て！　酒はどこだ？」

「酒なら、四番目の船に白酒（パイチュウ）も黄酒（ホワンチュウ）も積んであるよ。」

「よし、それじゃあ、三番目まで往っていい。あっ、一寸待て！　魚はどこだ？」

「黄河の河魚は、足が早いから、新鮮なのが昼から一杯、ああ、その時一緒に、お役人さんの好きそうな干魚も来るよ。」

「そんならもういい。四番目早く来い。」

どこまでも感のいい水夫と、どこまでも〝春節〟気分の抜けない警備役人に助けられた　わた

る　は、何とか西の大市場までたどり着き、他の荷役に紛れて荷下ろしを手伝いながら何食わぬ顔で彼らとともに下りかけたが、市場内に数人の警備役人の影を見たので、五・六割荷を下ろした舢（三）板船に再び潜り込んだ。

西安の五分の一ほどの規模とは言え、西安同様東西に長い西洛では、市の中央を通る都大路に掛けられた大橋を挟んで、生鮮食料こそ西の大市場に対し全体の四・五割ながらも、もう一つ東の大市場が控えていた。

途中、大橋の両端から　わたる　が幾ら北を望んでも図書館は見当たらなかった。

その内、銅鑼（ドラ）が鳴り、爆竹が響き、獅子が舞い、龍まで舞って北の宮殿を目指し始めた。

やはりここは、中国であった。

東の大市場から運河の東端の出口に出、そこから徒（かち）で東へ向かい、東の端の渡し場から再び筏に乗れば、養生園へ戻ることができる。

だが　わたる　は、東の大市場で荷下ろしを手伝いながら他の荷役とともに思い切って舢(三)板船を下りた。

東の大市場は、西の大市場に比し生鮮食料が少ない分だけ、書画の道具や材料が置かれ、それが市場の外を北へとつながり、書院門歩行街と呼ばれる一角をなしていた。

そのことは、そのままこの街の西に比し東側、もっと言えば北東側に文人墨客が多く住んでいることを意味していた。

さらに西安同様碁盤の目のような、この街の書院門歩行街の北の外れを、都大路側に寄って北上すると、そこは一帯の回坊と呼ばれるイスラーム街であった。

そこでは、白い帽子をかぶり、どことなく胡人の面影を残した若者らが、主に羊肉の串焼きなどを商っていた。

わたる　は、M．B．師が豚肉こそ食べないが、フランス留学中、教授らにジビエ料理を御馳走になった時のことを、時々話してくれたことを思い出していた。

そして　わたる　は、あの時〝ジビエ〟は意味の上から自分の国の漢字の読みで音訳すると〝地曳獲（じびえ）〟がよいと言ったことまで思い出しながら、回坊の外れを都大路側に寄ってさらに北上したため終に都大路に出てしまった。

ただその時はまだ獅子舞はもちろん龍舞も、そこまでは来ていなかったため　わたる　は、ぽつんと群衆から浮いてしまった。

手にまた手に梅の小枝を持った人々からは離れてしまっていたが、赤いランタンを縦に連ねた飾り付けは、都大路の並木に沿って宮殿まで続いていたので、わたる　は、そのまま並木の赤いランタンの連なりに釣られるように、宮殿と一続きになったその西側の大塔を目差しはじめた。

恐らくあの尖がり屋根が図書館の回廊だろうと思い、そばまで近づくと西洛図書館門の文字が目に入った。

大塔に入ると中はやはり回廊になっていて、宮殿と同じ四階までつながっていたが、一般市民は二階より上に上がることはできなかった。

回廊を少し上がって一階に入ると、そこは図書館の閲覧室であり、奥に書棚があった。

わたる　は、ざっと見渡してみたが、子供の本や一般の書籍ばかりだったので、閲覧室の東側に机を構えている女性に声をかけ尋ねてみた。

「あなたがお読みになりたい書籍は、全て二階の書庫にあります。ただそれらの本は一般の方への貸し出しは致しておりませんので、こちらでお読みいただくことになります。」とその図書司書らしき女性は応対した。

わたる　が、是非読みたい旨告げるとその女性は、さらにその横に机を構えていた女性に鍵を渡した。

その部下らしい女性に促され　わたる　は、再び先ほどの回廊を彼女に案内されるまま二階へ上がった。

秘書らしいその女性が鍵を開けると、そこは　わたる　にとって宝の山であった。

ただあまりその女性を待たせるわけにもいかなかったので、取り敢えず今は、やっと探し当てた一八世紀フランスで刊行された『百科全書』全三十五巻の前で、その第一巻を取り出そうとしたとき、わたる　は、数人の宮殿警護の役人に囲まれていることに気付いた。

「恐れ入りますが、我々と一緒に一寸来ていただけませんか?」

なかでも一番年かさの、口に髯を蓄えた警護役が声を掛けた。

わたる　は、言われるままに彼らに付いて行くと、彼らは回廊を降り再び一回の閲覧室に入り、東側の図書司書の机の横、秘書の机のさらに脇をすり抜けるようにして端の戸を開いた。

もともと二階の書庫も一階の閲覧室も回廊のある大塔側から宮殿側に入り込んでいたので、その戸を開けることで、いよいよ宮殿内に一層入り込むことになった。

そこは、宮殿一階の廊下であった。

その廊下を少し行って、階段を地下に下りた。

そしてその地階にある、宮殿警護の役人の、取調室に入った。

机を挟んで向こう側に腰掛けるよう促されたわたるは、それに相対して廊下側に掛けた、その中年の髯の警護役から、いろいろと聞かれることになった。

「姓名は?」

「海わたると申します。」

「国籍は?」

「徳川幕府施政下の、日の本から来清しました。」

「職業は?」

「僧医です。」

「どこで働いている?」

「黄河北岸の、養生園です。」

「対岸の養生園では、M.B.師が園長と聞いているが……」

「その通りです。私はM.B.先生の弟子です。」

「いつから?」

　わたる　が、その質問に答えようとしたとき、端正な顔立ちの見るからに体格の立派な、宮廷警護の役人が息せき切って飛び込んできた。

　彼を見るなり、周りの数人の警護役は勿論のこと、わたる　の前に腰掛けていた、その髯の役人までもが、立ち上がり敬礼した。

「もういい。ここから先は私が直接聞くから、皆外してくれ。」

　そう言って彼は、その髯の役人に代わって　わたる　の前の椅子に掛けた。

他の役人が皆、外へ出たのを見計らって、彼はおもむろに口を開いた。

「海　先生ですね。初めまして私は、王騫（ワン・チェン）と申します。西洛の警護隊の副隊長をして居ります。養生園でお世話になって居ります王鳴は、私の実の姉です。そして図書館の図書司書は、私の妻で薛琳（シュエ・リン）と申します。」

「それでは私は、奥様から怪しまれてしまったのでしょうか?」

「いえ、そうではありません。私に秘書を通じて、今知らせてくれたのも妻ですし、先生は、ここへ来られる際、都大路を東から西に横切って大塔の図書館門に入られたときから、宮殿前の警護役に目を付けられていたのです。いずれにせよ私たちは、皆M.B.先生はじめ先生方の味方ですから、どうかご安心下さい。」

「そうだったのですか。いや私も、ここへ来る前に、M.B.先生やお姉さまから、ある程度のことはお聞きして、分かっているつもりでいたのですが、それは大変失礼致しました。」

「いいえ、ところで、問題は、これからのことなのですが……。私の考えでは、先生には、L.

W．侯のお身体をお直しいただくことが、一番良いと思うのですが……。ただその場合、私としても、最高顧問であるJ．B．司祭に、相談を持ち掛けないわけにいかないのです。そしてその間、先生には、誠に申し訳ないのですが、この地階にある留置場に、いていただかなければなりません。」

「分かりました。」

「ただ……」

「まだ何か？」

「その留置場と言うのが、清国政府の手前、表向きは取り調べ期間における留置施設ということにはなっているのですが、場合によっては代用監獄にもなる施設でして……。」

「えっ！」

それから、その留置施設で王騫副隊長を待っている間の長いことと言ったら、わたる　は、再び生きた心地がしなかった。

ただその苦悩の時間を割いてくれたのは、王副隊長ではなく、最高顧問であるジャックソン・ブラウン司祭その人であった。

その細身で長身の、髪は白いというよりもむしろ銀色に近い、青い目の紅毛碧眼（こうもうへきがん）ならぬいわば銀毛碧眼（ぎんもうへきがん）の、長老ともいうべき年かさの司祭は、わたる　を一目見「海さん　ですね？」と尋ねるなり、矢継ぎ早に詰問に近い質問を重ねた。

「ブラウン司祭様、司祭様もよくご存じのように、西欧医学の基礎を築いたのは古代ギリシャです。ただ合理的なものの考え方をする古代ギリシャにあっても、もともと二通りの医学があったのです。一方は医聖ヒポクラテスを中心にコス島に学んだコス派の人々の医学であり、ホリズムすなわち全体論をその哲学の根底におき、病気を持った人を人としてとらえ診察し、その人がその病気に打ち勝つよう治療する流派です。それに対して今一方は、その分派としてのクニドス派の人々の医学であり、個々の病気をその症状によって類型分類して、それらに侵されている身体の部分すなわち臓器・器官をとらえて、それらに対する特定の治療法を考える流派です。そしてこれらの二つの大きな流れのうちコス派は、のちに保存療法すなわち切らない療法につながり、クニドス派は、のちに観血療法すなわち切る療法につながったものと思われます。ただここで大切なことは、ともに根っこは、一つだということです。司祭様の言われる切る療法は、一六世紀に入りアンブローズ・パルの外科書などに代表されるような、西欧医学の権威ある著述に始まるとしても、それは長い中世の時代を経て、再びそこにヒポクラテスにはじまる治療法を見出すことのできるようになったものであり、その影響が、私の国にも南蛮流外科さらには蘭方外科としておよんだものと思われます。そして今この場合なすべきことは、目の前の患者である李文（リー・ウェン）候に対しては、前者すなわち保存療法の適応なのか、後者すなわち観血療法の適応なのかを、しっかり診察してはっきり見定めることだと思います。」

「君の民族医学にも、診察はあるのかね?」

「はい、民族伝承医学としての診察があります。」

「切らないということだが、解剖の知識はあるのかね?　一六世紀の外科書などを引合いに出しているようだが……。」

「はい、私の国では、一七七〇年代、確か一七七四年と記憶しておりますが杉田玄白らが、ドイツ人クルムス著『解剖図譜』のオランダ語訳『ターヘル・アナトミア』から翻訳し『解体新書』として刊行しており、私も私の親代わりになって下さったご住職の書斎の掃除をした折など、書棚の上の方に同著を見付けたことがありました。そのころはまだ子供だったのですが、その後さまざまな機会に、同著もしくは同著の写しに幾度か触れております。」

「少し失礼したようだな。取調室に移ろう。」

二人は留置場から取調室に場所を変え、机を挟んで向こう側に　わたる　が、それに対して廊下側に司祭が掛けた。

「診察に必要なものは、何かありますか?」

「はい、回坊で子羊の盲腸をもらい、良く洗って乾燥させ、もみ殻と少量のアーモンド油とともに手のひらでよく揉んで、柔らかくしたものが欲しいのですが……。あっ、それから蓖麻子油（ひましゆ）も一瓶。」

「回坊なら確かに子羊の盲腸は、すぐ手に入るだろう。もみ殻も問題はない。蓖麻子油も、一瓶ぐらいすぐ手に入るだろう。問題は、アーモンド油だが……ただアーモンドとは、懐かしい。私の生まれ故郷には、アーモンドの花が、けなげなほど咲き誇る。」

「そうでしたか、世界中で一番、私の国の花、櫻に似た花と聞いています。ただ今は時季ではありませんから、果肉の核に包まれた大型の種子、最も甘扁桃すなわちスイートアーモンドと苦扁桃すなわちビターアーモンドの二種類があって、前者は洋菓子にして、あるいはそのままナッツとして食され、後者はアミグダリンを含むため苦く、種子から杏仁水を取って鎮咳（ちんがい）・鎮痙（ちんけい）などの薬用として用います。種子を圧搾して取った油、それもできれば後者がいいのですが、どこかにありませんか？」

「分かった。探してみましょう。」

司祭が探させている間、わたる　は、再び留置場に逆戻りして待つことになった。

三度生きた心地がしないはずのところではあったが、今回は何故か　わたる　もそれ程には感じなかった。

ただ若い　わたる　にも、この間のやり取りから、年上ながら司祭の背後にあるものが、朧気（おぼろげ）ながら分かるような気がして来たことも事実であった。

数日が経って、今度は王鶱副隊長が現れた。

「海　先生、私と一緒に直ぐ来て下さい。」

「どこへ、ですか？」

「李文候の寝室です。」

言われるままに　わたる　は、王副隊長の後に付いて、四階まで階段を上がり李候の寝室までやって来ると、そこには廊下を挟んで窓際に女官が二人、入り口には警護隊員が左右にそれぞれ一人ずつ立っていて、王副隊長を見るなり女官たちは立礼を、警護隊員たちは敬礼をし、それぞれ左右のドアを開けたので副隊長続いて　わたる　も中に入ることができた。

するとそこには、すでに　わたる　が願い出た診察に必要な諸具が、全て整えられ机の上に並べられていた。

しかも半身を起こし、わたる　の方を見ている寝台の上の李侯の横には、J．B．司祭が佇（たたず）んでいた。

王副隊長もその横に立つと、ブラウン司祭は、「さあ、海　君、民族医学の診察を始めてくれたまえ。」と促した。

「初めまして李文侯、私は　海わたる　と申します。それでは早速、侯の診察をさせていただきます。途中、痛かったりお気持ちがお悪かったりしたら、直ぐ仰って下さい。その場合、途中でも中止することがあるかも知れません。では先ず、こちらにお立ちいただけますか。今から私が侯の背中の右側と左側を軽く拳（こぶし）の小指側でたたきますので、もし、お腹側、お臍（へそ）横下、左をたたいた場合には左側、右をたたいた場合には右側に響いたら仰って下さい。よろしいですね。」

そこまで言うと　わたる　は、先ず左をたたき、何ともないのを確認すると、次いで右をたたいた。

「うっ、響くぞ。もう一度やってみてくれ。」

言われるまでもなく、わたる　は、もう一度左そして右をたたいた。

「うん、やっぱり右側が響く。」

「それでは、侯の右腎すなわち右の腎臓には、腎石すなわち腎臓結石がある可能性があります。」

「候の尿閉は、それが原因だというのか？」J．B．司祭が尋ねた。

「いえ、腎臓は、左右二つあります。通常右腎は肝臓に押し下げられ、左腎よりやや下に位置します。いま背中側からお腹側に響くのは、その内右の腎臓だけです。断定はできませんが、これが原因とは考えにくいと思われます。」

「しかし、大きな石が膀胱で尿道の出口を塞いでしまっていれば、ありうることではないか？」再び司祭が尋ねた。

「候の場合、全く排尿がないわけではありません。それに排尿時に疼痛もほとんどないということですから、その可能性は低いと考えます。漢方には、『臍下丹田腎間の動気（せいかたんでんじんかんのどうき）』と言う言葉があります。臍（へそ）の下に丹田（たんでん）と呼ばれる経穴があり、ここに腎臓の間の動く気が伝わるというのです。臍横下左右に限局した響きがある場合、腎臓内恐らくは腎盂（じんう）あたりに周囲に癒着していない、ある程度動きのある結石があることが多いと考えます。むしろ次の原因を調べるべきだと思うのですが……。」

この時、「あ〜、思い出した。今度ではないが、ずいぶん前に、排尿の際、赤い小さなものが出たことがあった。」と李候が呟いた。

「何時のことですか？　私は聞いておりませんが……。」とブラウン司祭は少し訝（いぶか）った。

「そちが、ここへ来る前の事じゃ。」

「そんな前の話でしたか……。」

「いや、出来やすい体質というものがあります。それに結石が小さい場合、そうした自然排出ということも、充分考えられることです。次の原因を調べたいのですが……。」

「いいでしょう。」ついに司祭も渋々許した。

「それでは、候！　次は候の前位腺（ぜんいせん）に腫れがないかどうか、診てみたいと思います。」

「前位腺と・な？」

「はい、前位腺とは、最近一部の解剖学者の間では、摂護腺（せつごせん）あるいは前立腺（ぜんりつせん）とも呼ばれている男性の生殖器の一部で、尿道の周りを取り囲んでおります。それゆえ年齢とともにこれが肥大致しますと、残尿・場合によっては尿閉など排尿困難を来します。」

「それは、どのようにして調べるのじゃ？」

「はい、誠に恐れ入りますが、肛門から指を入れ直接その輪郭に触れて調べます。」

「海　君！　ほかに方法はないのかね？」司祭が老婆心切（ろうばしんせつ）から尋ねた。

「残念ながら、切らずに調べるというのなら、これが一番確実です。」

「いや構わぬ。それで分かると言うのなら……。」

「通常、胡桃（くるみ）の大きさのものが、肥大があれば鶏卵の大きさになりますから、確実に分かります。」

「痛くはないのか？」

「はい、準備していただいた回坊でもらった子羊の盲腸を、良く洗って乾燥させ、もみ殻と少量のアーモンド油とともに、手のひらでよく揉んで柔らかくしたものを、ここで用いますので……。しかも直腸との間の摩擦を避けるため、その表面には蓖麻子油を塗布致します。」

「分かった。海　先生！　やってくれ。余はどの様に致せばよい？」

「はい、候の寝台はあまりに弾力に富み過ぎておりますから、直接絨毯（じゅうたん）の上に湯上り綿布を敷き、その上に恐れ入りますが、今から私が致しますような姿勢を取っていただければと存じます。」と言うなり　海　は、その場で両膝をつき両手で頭を抱え込むような姿勢をつくった。

「海　殿！　度が過ぎるのでは？」司祭は再び可成り訝ったが、候は、「構わぬ。致そう。」と寝台から下りると綿布の上でお尻をもたげ頭を抱えた。

　わたる　は、右手の中指に子羊の盲腸を嵌める（はめる）と、蓖麻子油の瓶の口に、その指を入れ、瓶の底を幾度か持ち上げた。

　次に　わたる　は、候に何度も深呼吸をさせながら候の腰を左手で抑え安定を図りつつ、その右手中指を肛門から直腸に沿って挿入し、入れ切ったところでくるりと指を返し、腹側すなわち生殖器側に指の腹を向け、幾度となくその輪郭を感触してみた。

　そして　わたる　は、「候の前位腺すなわち摂護腺あるいは前立腺は、腫れてはおりません。肥大してはおりません。」と断じた。

「それでは、海　殿！　候の尿閉の原因は何処（いずこ）にあるのか？」司祭の三度目の訝りは、ついに怪しみ（あやしみ）に変わった。

「侯！　最後にもう一つだけ、診察させていただけませんか？」

「どう致すのじゃ？」

「侯には、今度はその場で仰向けになり両膝を立て、その両膝を同時に、両肩を上げずに左右に倒していただきます。」

「こういうことか？」聞きながら侯は、その同じ湯上り綿布の上で、今度は仰向けになり、膝を立て、肩を余り動かさず、左右に倒そうとした。

しかし侯の両膝は、あまり左右には倒れなかった。

「侯の尿閉の原因が、分かりました。」わたる　が、ついに結論を出すと、侯の「どういうことなのじゃ？」と、司祭の「どういうことなのか？」がほとんど同時に重なって聞こえた。

わたる　は、少し間をおいてから「侯の仙骨すなわちお尻の真ん中の骨の、仙骨底すなわちその仙骨の上部が、前方すなわちお腹側へのめり込んでいるため、それによって丁度楔（くさび）が打ち込まれたようになり、両膝が左右に動かないのです。」

「海　先生、もう少し分かりやすく説明してくれぬか？」

侯の疑問に答えて、わたる　は、「骨盤には、お尻の仙骨を挟んで左右に仙腸関節と呼ばれる、お母さんが赤ちゃんを産むとき、動く関節があります。ところが侯の左右のその関節は、仙骨の上部で鍵が掛けられ、動かなくなっているのです。ただ非常に大切なことには、その仙骨の上部左右から、膀胱へ行っている神経が出ているため、その神経の流れが悪くなっているのです。」

と言い直した。

「仙骨の前のめりによって、動きがロックされているということか？」司祭はついに英語を使って確かめたが、候はそれを手で軽く制して、「概ね（おおむね）分かったが、直るのか？」と尋ねた。

「直ります。」

「どう致すのじゃ？」

「候の寝台の上の枕をお借りし、この湯上り綿布の上に置き、その中央に候のお臍（へそ）が来るように俯せて（うつぶせて）いただきましたら、私が候の仙骨下部の左右を、それぞれ両手を重ねて押します。右側を押せば対角線に沿ってその左側の仙骨上部が、左側を押せばその右側の仙骨上部が、それぞれ浮き上がり元の位置に戻ります。」

候には、せっかちなところがあるのか、ほとんど　わたる　が説明をするのと同時に、その姿勢を取っていた。

「よし！　やってくれ！」せっかちというよりも、呑み込みが早いのである。

要するに候は、頭の回転が速く、決断が速いのである。

改めてそのことに気づいた　わたる　は、「それでは、候よろしいですか？」と念押しと始めの合図を送った。

わたる　は、自らの説明の通り、先ず左側に坐し、右側を押し、その左側の仙骨上部を浮き上がらせ、元の位置に整える操作を少し行っては、「大丈夫ですか？」と確かめ、候が「大丈夫じゃ。」と返すのを待っては続け、その側を復し終えた。

次に　わたる　は、今度は右側に坐し、左側を押し、その右側の仙骨上部を浮き上がらせ、元の位置に整える操作を再び少し行っては、「大丈夫ですか？」と問い、候が「大丈夫じゃ。」と返すのを待っては続け、ついに両側を復し終えた。

「候、もう一度仰向けになり、両膝を立て左右に倒してみていただけますか？」言いながらわたる　は、候の臍の下の枕を外した。

候は、その湯上り綿布の上で、再び仰向けになり、肩を余り動かさず、膝を立て左右に倒した。

候の両膝は、左右によく倒れた。

いや、倒れたどころではない、その倒れようと言ったら、床から反対側の腰が浮き上がるほどであった。

それも大きく浮き上がり、しかも左右ほぼ均等に倒れた。

「候！　宜しゅう御座いましたね。これで私が先程申し上げました楔が抜け、鍵が外れました。ブラウン司祭の言われるロックが外れました。誠にお疲れ様でございました。」

「あとは、どうすればよい？」

「しばらくお休み下さい。あとの様子をじっくり診とうございます。」

わたる　が、王副隊長とともに、診察・治療に用いたものなどを片づけていると、「海　先生！何やら尿意らしきものを、感じ始めて来たぞ！」と候は、ただならぬ様子で小声を立てた。

「王副隊長！　厠（かわや）は、どこにありますか？」

「この寝室内にも、あちらの角に……。」

「いや、いかん。もう漏れそうじゃ！」

「先ほど、この辺に、尿瓶（しびん）の用意もありましたね？」

王副隊長が、先ほど片づけたものの中から、尿瓶を取り出し、候が「王！　かしてくれ！」と叫ぶや、副隊長は命ぜられるままにその尿瓶を手渡した。

候は、手ずから尿を尿瓶に取りながら、「この瓶一つで、足りそうもないぞ？」と再度小声を立てたのを聞いた王副隊長は、廊下に出て窓際に控えていた二人の女官に、次の尿瓶を催促した。しかし彼女たちが近くを探索して、やっと見付けて持ってきたのは、適当な大きさの花瓶であった。

「無礼者が……！」司祭の叱責に恐縮する彼女らをよそに「もう、よい。今の騒ぎで止まってしまった。ところで海　先生！　出だしてしばらくして、尿瓶の中でかちんと音がしたのじゃが……。」と候は小声で告げた。

「それでは、そのとき恐らく結石が下りたのでしょう。痛みは、御座いませんでしたか？」わたる　が聞き返すと、「やはり、結石であったか。そのときは痛みがあったが、今はもう大丈夫じゃ！」と候は少し安堵した様子で答えた。

「あとはどうすればよい？　海　先生！」司祭は、わたる　に最後の老婆心と最初の敬意を示しつつ尋ねた。

「緊張で尿意が止まることは、よくあることです。むしろその前に尿瓶そのものが、もう一杯だという意識が、おありになってのことでしょうから、今後の心配はないと思われます。またお休みになるとき、足を心臓の高さを限度として、少しお上げいただくことが、候の下半身の浮腫み（むくみ）にとっても、よいことだと存じ上げます。ただ尿瓶の中身については、もう少しよく調べさせて下さい。今後も結石の下りる可能性がありますので……。腎石の大きさ・数、尿の色・量等記録しておきたいのです。」答えながら　わたる　は、妙に気持ちが落ち着き、爽やか（さわやか）になっていくのを、自分自身不思議に感じていた。

「このあとのお薬については、どのようにしたらよい？」司祭は、わたる　に最後の質問を浴びせた。

「利尿系のものなら何でも良いのですが、漢方には利尿系のものが一杯あります。李文候には、春は名のみのこの寒さを、乗り切っていただかなければなりません。和名の〝すいかずら〟は、『忍冬』と書き私の国では漢音で（にんとう）と読み、そのまま漢方生薬の本草和名にもなっております。茎・葉を乾かし利尿・解毒・解熱薬として用いるからです。そしてその名の由来は、冬でも茎・葉がしぼまないからです。〝春節〟のこの時季、候には、『忍冬』がよいと存じ上げます。」

と　わたる　は、ある種の自信と思いやりをもって答えた。

二十二

その後も　わたる　は、数回にわたり李候の仙骨底の位置を整復し、その都度大量の排尿反射が得られ、候の下半身の浮腫みも、見る見る取れていった。

わたる　が、王鶱副隊長を通しジャックソン・ブラウン司祭から、彼とともに西洛の城壁の北東の角まで来るよう呼び出されたのは、候から自室として与えられた宮殿三階の客室で、そんな施術の後の束の間の休息を取っていたときであった。

「あのとき李候の声が小声になられたことについて、候に直接お聞きしてみたが、候は覚えておられなかった。ただあのとき余りの効果に、候ご自身、半ば呆気（あっけ）に取られておられたことは事実のようだ。そこで折り入って　海　先生にお尋ねしたいのだが、昨今あなたの国では革命が起こり、文明開化のスローガンのもと、医学の分野においても西洋医学が取り入れられ、新しい学制も敷かれたそうだが、そのことについてはどう思われるか？　このようなことをお聞きするのも、この国でも、遠からずそうした時代が来るように思うものだからなのだが……。」

と司祭が問い掛けると、わたる　は、司祭に「はい、先ず私が私の国を離れた徳川の後期から末期にかけては、確かに東西の医学が融合しようとしていた一時期であったように思います。しかしブラウン司祭がご指摘のようにその後、天帝の命が改まって以降、可及にして速やかな西欧化を迫られる中にあって、私の国でのそうした東西の医学の融合も、あたかも海の藻屑（もくず）と化した感が否めないのではなかろうかと存じます。ただ思い返せば、そこには私の国の土壌および人々が本来培い（つちかい）育んで（はぐくんで）きた、大切な『和の精神』が息づいていたようにも思うのです。次に一方この国におきましては、未だ漢方医学が息づき、私の師であるモハメド・ババ先生のユナニ医学もまた息づいております。そうであるならば、少なくともこの国においては、それらの民族伝承医学もまた、大切にされるべきなのではないでしょうか？」と逆に振り返した。

「二つあるということか？」

「いえ、医学は飽く迄一つです。ただ現在、地球上で生活するすべての人々に、今すぐ優れた西洋医学の高度先端医療の恩恵をもたらすことは、ほとんど不可能に近いことです。しかし世界各地には、その地域々々にさまざまな伝統医学・伝承医学があります。またむしろそうしたものの中から、優れた薬事効果が確認できる物質や治療効果が期待できる手技が発見・発明されることもあります。世界中のすべての人々に健康をもたらすため、自国の伝統医学を応用しつつ、プライマリー・ヘルス・ケアのシステムを作り上げていくことが、重要なのではないでしょうか？」

と、わたる　は、慣れない英語まで交えて再び逆に問い返した。

「生薬はともかく、手技はどうなのかな？　確かに　海　先生のような方もおられるようじゃが、しかし技量の程度には個人差もあることだしなぁ？」

「同じことではないでしょうか。切る医学における手術療法にしても、その技量には個人差があるように、切らない医学における手技療法にも、その技量に個人差があることは、むしろ当然のことではないでしょうか。ただ切る医学も切らない医学もともに同じように解剖学・生理学など基礎的医学から学び訓練を積むのであれば、ある程度の治療効果は、誰にでも期待できるものと存じます。」

「海　先生に言われると、本当にそんな気になってくるから不思議なものだな。」

司祭がそう言い終わらぬ内に、候の寝室前の廊下窓際に、いつも二人で控えている内の若い方の女官が、「やはり、ここにいらっしゃいましたか。城壁に最高顧問様と、そして何より副隊長様とご一緒に居られるとお聞きして、多分こちらだろうと思って参りました。海　先生　李文候様がお呼びで御座います。急用ではないとのことで御座いますが、重要なお話だそうで御座います。ただ皆様とご一緒だと申し上げましたら、『その顔触れでは、長引く話もあるであろう。』と仰せになられまして、二時間後に候のご寝室までお越しになられますようにとの、思召しでございましたのでお伝え申し上げます。」とそこまで言うと一礼し、そのまま　わたる　たちに背を向けて帰って行った。

「海　先生、何故私がこの北東の角まで来るようにと、城壁上の位置を指定して呼び出したかもうお分かりですか?」と今度は王副隊長が問いを投げた。

「恐らく黄河を挟んでモハメド・ババ先生の養生園に、最も近い場所であることと何か関係があるのではないでしょうか。」

「さすが　海　先生!」と持ち上げながら副隊長は、懐から折り畳み式の望遠鏡を取り出し　わたる　に手渡した。

早速　わたる　は、その望遠鏡の小さなレンズを右目に当て、黄河北東の河岸へ大きなレンズを向けた。

しばらくして　わたる　は、少し興奮気味に「あっ!　見えます。見えます。人の顔までは分かりませんが、人々の大きな動きなら、はっきりと分かります。副隊長!　それでは……」

「申し訳ありません。妻を通して姉から得た情報を確認するため、晴れた日にはここから養生園の様子を見て居りました。ただそのお陰で、海　先生の動向も事前にある程度掴んで（つかんで）おくことができたのです。」と副隊長は半分好意を示しながら、半分言い訳をした。

「ところで王副隊長、西洛には、小西洛通称小洛と呼ばれる飛び地があり、大学都市を形成しているとババ先生からよくお聞きして居りましたが……。」

「小洛なら、方向としては丁度この真反対になります。まだ時間があります。行ってみましょう。最高顧問は？」

「一人で帰っても仕方がないし、ご一緒させてもらうよ。」

三人は、そのままゆったり横に並んで歩いても、まだまだ倍ほども幅のある城壁を今度は南東に向かって歩を進め始めた。

城壁の南東の端から城外の南一帯は、小高い丘陵地帯を形成し、そのすべてが見事な段々畑になっていた。

そしてその段々畑の東側に、南に延びる一筋の大道が続き、丘の頂でその向こう側に消え行っていた。

「この段々畑では、西安に向けて送り出すための商品作物が作られています。そのため土壌には糠（ぬか）を入れ、さらに藁（わら）を敷いて、肥えさせ通気・通水をよくし、水分を保たせているのです。小洛へは、この段々畑の東側のこの大道を南下します。ただこの道は一見真直ぐ南に延びているようですが、少しずつ西に折れ最後には、この国の南西の端にたどり着きます。小洛はそこにあります。」王副隊長の軍人らしい明快な話しぶりに　わたる　は、得心しながらその道のりの長さに内心驚嘆していた。

わたる　は、二人とともに城壁の南東の端から南西の端まで、城外にその段々畑を見ながら歩を進める内、さらにその手前眼下に西に延びる一筋の大道のあることに気付いた。

「これが西安に続く大道です。西安からは、やがてあのシルクロードへと続く道です。」軍人と言ったが、正確には飽く迄西洛という、清国内の自治区における、警護隊の副隊長である。

ただ態度はやはり立派であり、話しぶりは飽く迄明解で分かりやすい。

三人は、城壁南西端まで来ると、今度は踵（きびす）を巡らし（めぐらし）、北上し始めた。

そもそも城壁とは、陸続きの大陸において自らの都市を、外敵から守るための装置であり、その守るべき都市の中には、好むと好まざるとにかかわらず、人々の居住する住居があり、そこに暮らす人々がいて、そしてその人々の暮らし言いかえれば人々の息遣い（いきづかい）そのものがあった。

つまり李文候の西洛は、李候のものであって李候のものにあらず、実はそこに生きる大勢の人々が織りなす息遣いそのものでもあったのである。

だから彼らは、今度は城壁の外ではなく、むしろ内側に人々が織りなす息遣いを感じながら、ついに城壁の北西の物見塔まで辿り着いた。

「ここからは、もう階下に下り、めいめい散らねばなりませんね。ブラウン司祭！　最後にお願いがあるのですが……。」

「何だね？　あらたまって　海　先生！」

「私は、ここにあとどれだけいられるか分かりませんが、ここにいられるうちは、私に英語をご教授いただけませんでしょうか?」

「海　先生、あなたが最近英語を勉強していることは、あなたの話しぶりの端々に感じていたが、何故英語を学ぶ気になられたのかね?」

「はい、英語は英国の進出と時を同じくして、現在世界の共通語になりつつあります。ですから……。」わたる　がいい終わらぬうちに、「そういうことなら、及ばずながら　海　先生に協力させていただこう。私も若いころ生まれ故郷では、両親のもと英語を話していた。」

「そしてその生まれ故郷にアーモンドの花が、けなげなほど咲き誇っていたのですね。」と言うわたる　に再び司祭は、「そしてそのアーモンドの花が、世界中で一番、あなたの国の花、櫻に似ているのですな。」と返した。

「私の国では、そのアーモンドをポルトガル語からアメンドウと呼んだり、フランス語からアマンドと呼んだりもします。司祭！　ただ私は思うのですが、その地につながるもの、その地の言葉につながるもの、そしてその地の思いにつながるものは、常に他をもって代えがたいものなのではないかと……。」わたる　は、かみしめるように語り掛けた。

そして以前、司祭がそれは　わたる　に対してというわけでもなかったのだが、民族伝承医学が、その科学性において乏しいのではないかと、批判していたことを思い出しながら、「恐らく司祭の言われることは、〝科学〟ということだと思うのですが、〝科学〟は、『疑い』の上に成立する学問であり、飽く迄その時の〝科学〟において正しいのであり、逆に言えば次の〝科学〟で否定されるかも知れない可能性をも秘めています。その意味において〝科学〟といえども絶対ではなく、やはり相対であることに変わりはありません。無論〝科学〟は、学ばねばなりません。しかしだからと言って、『信』を置くべきものまで『疑い』の上に置いたのでは、いつか〝科学〟が〝倫理〟を越えてしまう時が来るのではないでしょうか？　ブラウン司祭！　本当にそれでよいのでしょうか？」わたる　は、自分が言いたいことが、自分自身まだよくまとめ切れていないまま、思わず知らず問い掛けてしまっていた。

わたる　は、そこで二人と別れ宮殿四階の李候の寝室まで行くと、すでにそこには先程の若い女官が戻っていて、年かさの女官とともに廊下を挟んだいつもの窓際に佇んでいた。

その若い女官は、わたる　を見ると、にこりと微笑んだが、わたる　は、その微笑に〝時間通り来られましたね〟の意をくみ取った。

入り口には、警護隊員がいつものように左右に、それぞれ一人ずつ立っていて、わたる　を見て、それぞれ左右のドアを開けた。

「海　先生！　来て呉れたか。まあ、掛けなさい！」候は、すでにベッドから起き上がり、応接用のテーブルを前にソファに腰掛けていた。

わたる　は、候を前にテーブルを挟んで手前の椅子に掛けた。

「李候が、私を先生と呼ばれるものですから、皆が私を先生と呼びます。ただこの若さで、どうも先生は照れます。」

「難病を治す優れた僧医に対して、尊敬を込めて先生と呼んで何が悪いのだ。ところでこの間のこと、考えておいてくれたかね？」

「候の侍医のお話でしたら、すでにこの間、お断り申し上げたはずですが……。勿論私のようなものに、そのような温かいお言葉をお掛け下さることに対しましては、重々ありがたいことと感謝申し上げております。ただ私は、まだ研修中の身です。この間も申し上げましたが、候の侍医には、私の医学の師であるモハメド・ババ先生をご推挙申し上げたく存じ上げます。」

「海　先生！　それが筋（すじ）じゃと申すのなら、そちの気持ちはよく分かる。じゃがなぁ、それでは、そちはどうなるのじゃ？」

「それなのですが、候！　お願いが御座います。私はまだ若く、まだまだ研修が足りません。そこで、ここ西洛の南西の飛び地である小西洛にある大学で学ばせていただけないでしょうか？小西洛の大学といえば、モハメド・ババ先生も、教授をなさって居られたところです。それこそ、筋（すじ）の通った話ではないでしょうか。」

「それは確かにそうであろうが、問題はそのあとのことじゃ。モハメド・ババが余の侍医を致すとしよう、ブラウン最高顧問との確執の問題じゃ。」

「お二人の間のことは、私も前から気付いておりました。ただそれは、果たして確執と言える程の問題なのでしょうか？　私は候の病状は、このままあと半年の内には、必ず快癒に向かうものと思っております。そこで長ければあと半年、候のおそばで候の養生を見届けさせていただいた上で、私は小西洛の大学に向かいたく存じ上げます。そしてそのあとのことは、一旦ブラウン司祭にお任せし、その間にモハメド・ババ先生の復帰について、ゆっくりご再考いただくのがよいのではないかと存じ上げますが……いかがでしょうか？　もともとネストリウス派キリスト教の司祭様には、こうした場合に僧医をお勧めいただく習慣があったと、聞き及んでおります。伝統にも従って居り、良いのではないかと存じ上げますが……いかがでしょうか？」

「そのジャックソン・ブラウンが、利口者ゆえ、そなたの国のようにこの際、西洋医学を基本に据えるべく導入を模索しておるから確執が生じておるのじゃ。」

「清国政府も遠からず西洋医学を導入し、大学を設立するかもしれません。そうしたら西洛からも入学を希望する者が出ることでしょう。ただ同時に私のように小西洛の大学で、伝統医学を学びたいと考える者も、相変わらず居ることでしょう。話し合えば自ずと道は切り開けるのではないでしょうか？」

　しばらくの沈黙の後で、李候が何度か頷いたのを見て取るや、わたる　は、「ところで候！私も先程、城壁の上で王副隊長からお聞きして驚いているのですが、小西洛までは、相当な道程（みちのり）のようですね。」と切り出した。

「馬じゃ！　馬を使うのじゃ！　先ほど、警護隊隊長の李陽（リー・ヤン）が、小洛から戻ったところじゃ。あとで、そちの部屋へ行かせるゆえ、その辺のところは、あれから詳しく聞いたらよいじゃろう。」わたる　は、候が答えてくれたことにほっとしながら、李隊長の名字が候と同じであることに妙な気懸かりを覚えた。

　わたる　が、三階の自室である客室に戻り、ブラウン司祭を信じ、約束に備え英語の辞書など関連の書籍を整理していると、ドアをノックする音が聞こえた。

「どなたですか？」

「警護隊隊長の李陽です。」

「ああ、隊長さん！　失礼しました。どうぞお入り下さい。」

「お初にお目にかかります。私が西洛警護隊隊長李陽です。」

「初めまして李隊長！　海わたる　です。お目に掛かれて光栄です。」

社交辞令としての型通りの挨拶の後で、いよいよ本題に入っていった。

「要するに　海　先生、この国では、秦・漢以来、首都を中心に全国に駅伝の制度が施行されていて、それがこの清の時代にも及んでおるわけでして……。だから西洛も小洛までは、自前（じまえ）の駅伝制度を持っておりまして、各宿駅には常時五～一〇頭の馬は用意されております。これはただの愛称ですが、唐の第六代皇帝玄宗（げんそう）の妃（きさき）の楊貴妃（ようきひ）が好んだ、この国の南部から馬で運ばせていたと伝えられる、あの荔枝（れいし）すなわちライチーを運んだ道にちなんで〝ライチーの道〟などと洒落（しゃれ）て呼ぶ者もおるぐらいです。いずれにせよ西洛の場合、運ぶべき荷も余程多く荷馬車が主ですが、人を運ぶための乗合馬車も必要なだけはありますから、どうぞご安心下さい。」

ただこの隊長、口が軽いせいか、調子が出ると余分なことまで言った。

「ところで　海　先生、先生は馬賊（ばぞく）を御存じか？　最近この国の東北部に跳梁跋扈（ちょうりょうばっこ）する騎馬の盗賊のことですが、馭者（ぎょしゃ）などは、我々警護隊の指揮下に入ることになってはいるものの、この連中ときたら中々言うことを聞きません。馬賊とまでは言いませんが、ただ中にはご禁制の阿片（あへん）を運んでいると言う噂のある者までいる始末でして……。」

一方さすが隊長と思わせる節もあって、自分の仕事周りのことは、余程よく調べて知っていた。

「気取った話をさせていただけば、前漢の歴史家で司馬遷の『史記』に、その前漢の皇帝武帝の寵妃（ちょうひ）、李夫人の兄で李広利（りこうり）が大宛（だいえん）を討って得た名馬で〝汗血馬（かんけつば）〟と呼ばれる、一日千里を走り血の汗を流したと伝えられる駿馬（しゅんめ）が出て参りますが……。そもそも先ずこの大宛と言うのが、中央アジアの南東部、シル川上流のフェルガナ地方のことで、前漢には、この国ではそのように呼ばれていたものです。そして次にその大宛は、この前漢の皇帝武帝の西域への外交使節だった張騫（ちょうけん）によって、その存在が知られた地域でして、〝汗血馬〟とは、この前漢の今申し上げた将軍李広利の遠征によって獲得された、その地方特産の良馬のことだと思われるのです。またそこの住民と言うのが、古くはイラン系民族で古代ギリシャ文化の影響を受けていまして、七世紀以降はトルコ系民族の侵入により、イスラーム化したとも伝えられています。そこで彼ら馭者連中は、この〝汗血馬〟が彼らの馬の先祖だと言い張っているのです。」ここまで、話し方はごたごたしてはいるが、一応筋は通っているので、わたる は、続けて聞いてみることにした。

「しかし私が調べたところでは、甘粛（かんしゅく）すなわちこの国の北西部、黄河上流にあって、敦煌（とんこう）の石窟のあることで知られている地域で、その前漢の皇帝武帝のころシルクロードが開かれて以来、西域交通の要衝ともなった地域があるのですが、その東部に秦亭村

（しんていそん）と呼ばれる玉蜀黍（とうもろこし）など穀類を栽培する村がありまして……。ここが今でも馬の産地として知られているのですが、それと言うのも土壌の塩分濃度が高く、その水や塩を吸収した草を食べているため、そこでは強い馬が育つというわけです。私は、ここここそが彼らの馬の産地とみているのです。」

ここで終わるかと思ったら、話はさらに続いた。

「ところがその司馬遷の『史記』には、もう一人非子（ひし）と呼ばれる、その昔、馬や家畜を育てることに秀でた人物も出て参りまして……。この非子が馬を育てよとの王の命を受けて、みるみる馬を増やしたため、王からこの秦の土地を与えられたというのです。そしてその秦こそが、あの始皇帝の秦の基（もとい）となったのであり、非子こそが、その始皇帝から遡る（さかのぼる）こと三七代前の先祖だというのです。当然その秦亭村の住民も、この非子そして始皇帝の子孫ということにもなるわけですが……。いずれにせよその昔、この国の中心〝中原〟すなわち黄河中流域に進出するための、戦争には欠かせない馬の飼育に長けた勢力であった、遊牧民、西戎（せいじゅう）の子孫であろうことにはほぼ間違いないようですが……。ちなみに西戎とは、その昔黄河源流域から甘粛東部にかけての地域に住んでいたチベット系ないしはトルコ系諸民族のことですがね……。」わたる　の国の漢音の読みによる説明に納得しながら、わたる　は、同時に〝張三李四（ちょうさんりし）〟という言葉も思い出していた。

〝張三李四〟とは、張家の三男、李家の四男のことで、つまるところ、この国ならどこにでもいる存在の意である。

それと言うのも実のところ李陽隊長について、知性を窺わせる話といえば、これ以上のものがなかったからである。

むしろ　わたる　の印象では、李隊長は、李文候と名字は同じだが一族ではなく、自分の周り取り分け組織に関する話は詳しくするが、相手のこと取り分け相手の手柄などに関する話はほとんどしない、鬱陶しい（うっとうしい）が油断はならない男だというものでした。

ただ　わたる　は、この時同時に、この李隊長について、それだけに何か目的を持ち、その目的が彼のためにもなり、そのことによって味方に付ければ、それだけは確実にやってくれる、そんなタイプとの見通しも持ったのでした。

大学

二十三

李候は、数か月のうちに快癒した。

下半身の浮腫みが取れたことで、何よりも足取りが軽快になった。

候の歩行がそのように見えるのは、歩幅も以前とは比べ物にならないほど広がり、左右の均衡も巧みにとれるようになったからであった。

ただこうなると、愈々（いよいよ）李候としても　わたる　の願いを、聞き届けてやらなければいけなくなってきた。

そして結局のところ以前の　わたる　の提案通り、ブラウン司祭が候の侍医を引き継ぐこととなった。
以前の提案から変わったことと言えば、その間ブラウン司祭が　わたる　に英語を指導する内、互いの気心も知れ漢方と言わずユナニ医学と言わず、民族伝承医学に対する司祭の理解が深まっていったことであった。
わたる　も、ブラウン司祭にこの地もモハメド師の地も、もっと言えば司祭の生まれ故郷さえ、もともと民族医学、伝承医学の地であり、候の理解のもと飛び地である小西洛に建てられた大学が、そのような背景の中にあって、図らずもその殿堂の一つとなっていることは、ある意味歴史の必然であって、応用から演繹（えんえき）的に学んだものを、もう一度そこで基礎から帰納（きのう）的に学び直すことができたら、どんなにか素晴らしいことか計り知れないということについて折に触れ幾度も語った。
その結果、モハメド師の復帰についてでは、もう少し熟慮の上にも熟慮を重ねてから決定するとしたものの、わたる　の遊学については、秋の〝開学典礼〟に間に合うように、この初夏には、西洛を立つことが許されることとなったのであった。
わたる　は、李隊長との打ち合わせに従い、七月の初旬二頭立ての乗合馬車で西洛を立った。
城壁の南から望んだ段々畑を上り詰め、南へ南へと下るうち、初夏の長い夕暮れもいつしか深け、黄昏（たそがれ）を迎えるころ、やっと最初の宿駅に着くことが出来た。
ここまで来て　わたる　は、この愛称〝ライチーの道〟が、かつて王副隊長の説明にあったように、少しずつ西に折れるのではなく、一見真直ぐ南に延びているようで、実は南々西に延びていて、その最初の角度の差が最後には大きな差になって表れるのではなかろうかと西日の沈む方向から察した。

いずれにせよ、李隊長の名を知る者は、馭者を含めても最初の数日までで、その後は李の名を挙げると李候のことかと思い、にこりと表情を和らげたり、中には姿勢まで正したりする者もあった。

南に下れば下るほど、この大道は清国の駅伝制度の一部にも組み込まれていると見えて、各宿駅には他の道からも、荷馬車が満載の貨財や物などを集積していた。

そして風物も徐々に変わり人々の衣服も開放的となり、車窓から見える大道周囲の景色を彩る植物も南方の色合いを一層濃くしていった。

そうした情景の変化は、西昌（シーチャン）まで続き、街中の停車場でしばらく停車して後、そこからさらに西に折れた。

ただ馬車を引く馬の両眼には、脇見をしないよう覆いがされていることから、馬自身は真直ぐ走っていると思っているのかもしれないのであった。

いずれにせよ確かに強い馬だし、両馬とも良く息を合わせているなあと感心した。

もしあのまま馬車の中で眠っていたら、今の西への祭屋台の車切（しゃぎり）の如き急カーブにも気付かず、そのまま昆明（クンミン）あたりを目指し、その先で苗（ミャオ）族の鮮やかな民族衣装にも遭遇できるのではなかろうかなどと、錯覚に陥って（おちいって）いたことだろう

と　わたる　はまたそんなことをも想像してみた。

それでも一か月半の行程を経て、漸く（ようやく）日暮れ近くに馬車が小西洛の大学施設の入り口付近に辿り着いたときには、二頭立ての馬車の乗客は、わたる　以外には最早誰もいなかった。

わたる　は、やっと着いたという感慨とともに、ほっとして荷物を下ろし、親切そうな馭者の青年の言に従い、警護隊員と思しき（おぼしき）門兵の立つ門の、すぐ奥右横の入り口左側に大砲の飾られている最初の建物の中に入った。

そして　わたる　は、そこが大学全体の受付機関であり、同時に西洛の小西洛における出先機関でもあることにも気付かされたのであった。

わたる　との応対にあたってくれたのは、孫梅然（スン・メイラン）という名の若い女性職員であった。

彼女が言うには、今人影がまばらなのは、夏休み中のためであり、九月に入り〝開学典礼〟があれば、また数百人の学生でごった返すとのことであった。

しかも学生は、この国の人たちだけではなく、様々な国からの留学生もやってくるので、さながら民族衣装の花が咲いたようになるとも付け加えた。

そこでその前にこれからのことを、しっかりと頭の中に入れておく必要があり、先ずこの建物に向かって右前にある大きな地図の看板を見て、あなた　がこれから入る寮の位置を、自分自身でよく確認しておくべきであり、わたる　が入る寮は、この建物からほど遠からぬ徒で三〇分ほどの距離にあると説明してくれた。

また九月からのことは、明日もう一度ここへ来てくれれば、室長から直接詳しい説明があるはずなので、必ず来るようにとのことでもあった。

わたる　は、外へ出て看板の大きな地図で、その建物を基準に寮の位置を確認してみた。

そして曲がりくねってこそいるが、道なりに行けばその寮に出ることが、おおむね了解された。

歩きながら　わたる　は、あの懐かしいZ禅寺のことに、思いを馳せて（はせて）いた。

あの時も、幼心（おさなごころ）にその規模の大きさに驚いたが、今重い荷を抱えながら歩いている、この大学施設ときたら全くその比ではない。

そのスケールの違いと、奥行きの深さに驚愕を禁じ得ないでいると、その内、行く手を塞ぐように木造二階建ての建物が見えて来た。

入り口から中に入ると、左手に受付があり、そこには白髪の高齢男性が座っていた。

わたる　が名を告げると、その老人は何も言わずに鍵を差し出し、部屋の位置を告げた。

無愛想だが、説明はしっかりと分かりやすく、決して不親切と言うわけではなかった。

部屋に着いた　わたる　は、荷物をほどきながら、それらを部屋の各所に配置し終えると、寝台の上で仰向けになり、そのまま深い眠りについた。

翌朝目覚めると　わたる　は、身だしなみを整え昨日の建物へ急いだ。

「長旅本当にご苦労様でした。お疲れは、もう取れましたかな？」

「お陰様で、昨晩はぐっすり眠ることができました。申し遅れました。海わたる　と申します。

よろしくお願い申し上げます。」

「いや、海　先生のことは、すでに本庁から連絡を受け、よく了解しております。ただ他の学生の手前、今後も知らぬ体（てい）を、装（よそお）させていただきますので、悪しからずご了承下さい。」

「向こうから何を言ってきたのかは知りませんが、私は、ここでは一学生に過ぎませんから、それは当然のことです。」

「申し遅れました。私が、この小西洛の分室を預かる室長の馬学（マー・シュエ）です。」

「馬学室長さん！　お会いできて光栄です。」

「孫梅然とは、もう昨日会って話しておられますね。それからこちらが……」

「あっ！　昨日の馭者の青年！」

「張安（チャン・アン）と申します。よろしくお願い申し上げます。海　先生！」

「あなたが、李候の難病を治されたことは、この二人もよく知っております。この二人は、あなたの味方です。分からないことがあったら何でも聞いて下さい。」

それから馬室長は、わたる　にこの大学の各教授の略歴と哲学をまとめた小冊子を手渡した。他の西洋の大学とは異なり、この大学では学生自身が指導教授を選び、その教授の指導のもと解剖・生理などの基礎教科も、かつてその教授が指導した研究生などが担当することになっていたからであった。

小西洛分室の建物から出て、あの大きな地図の看板の前まで来たとき、わたる　は、昨日から気になっていたことを、一緒に出てきた張安に地図上の北西方向を指さしながら尋ねてみた。

「この髑髏（どくろ）の印は、何を意味しているのですか？」

張は、さりげなく微笑んでから「〝立ち入り禁止区域〟です。」とのみ答えた。

ただそのあと、「学生の間の流言飛語（りゅうげんひご）には、惑わされないで下さい。」とも付け加えた。

標高が高いせいで残暑を余り肌身に感じない残り少ない休みの日々に、写し取った地図を頼りに学内を散策した　わたる　にとって、すべては新鮮であった。

先ず巨大な講堂や図書館を中心として、その周りを取り囲むように講義や実技のための建物が散在し、さらにその周囲には教授らのための研究棟が取り囲む多層構造であることに気付かされた。

しかもそれらは、当時まだ珍しい煉瓦造りの二～三階建てで、それらの間々には、木造一～二階建ての学食・売店・学生寮・職員寮などが、ちょうど入り子のように点在していた。

なかでもこの広大な民族伝承医大を特徴づけていたのは、学園の南東端に位置する薬草園とそこに付属する大道から誰もが訪ねることのできた付属医院の存在であった。

ただそのようなわずかな日々の内に、これらを足で覚えた　わたる　にとって、西洛宮殿の四階建てに遠慮したのか、三階建てまでの小西洛の方に、むしろ心密な（こころひそかな）軍配を挙げたく感じたことが一つだけあった。

それは、池や東屋（あずまや）を配した中国庭園が周りの山林の景色をも借景（しゃっけい）

し、各所で学生や職員などの研修や職場の疲れをいやす憩いの場になっていたことであった。

そして次に指導教授については、同じ寮の二年先輩のグンテチェンという名のチベット系学生から、同じチベット系教授であるユンテングンポ教授につくことを勧められた。

賄い付（まかないつき）の寮の食堂で、夕食後彼グンテチェンが言うには、わたる　自身が得意とする手技の教授を選択したのでは、その教授の手技を系統的に学ばねばならないため、わたる　の考えている様々な手技の長所を生かし、それらを集大成しようとすることからは、却って遠くなってしまうのではないか、むしろここは彼らが尊敬するユンテングンポ教授について、その診察学を学べばチベット医学は特に尿診・脈診等において優れているので、わたる　の今後にとっても大いに役立つのではないかというものであった。

わたる　も結局それがよさそうだと心に決め、別にいつまでと決まっていたわけでもなかったのだが、なるべく早いうちにとも言われていたので、次の日の朝早々には分室にもそのように届け出た。

ただ一つ気掛かりだったのは、寮の食堂でグンテチェンから指導教官としてユンテングンポ教授を奨められたとき、わたる　がこの際思い切って〝立ち入り禁止区域〟についても尋ねてみようと思い、彼がそれについてはよく知らないと返答をした際、その話の腰を折るように　わたると同じくこの九月に〝開学典礼〟を迎えることになっている清国人の新入生が、他の寮の先輩から〝立ち入り禁止区域〟には〝阿片窟（あへんくつ）〟があるのだという情報を聞き込んだと言っていたことであった。

二十四

　わたる　のこの大学における死に物狂いの研修も二年が過ぎたころ、漸く（ようやく）休み時間を利用して学内を散策し、かつて入学前一度来たことのある付属医院近くの中国庭園の東屋に、ほっとひと時の憩いを求め訪れたとき、その運命の扉は、さり気なくしかも確実に軋み音（きしみね）を鳴らし始めた。

　その東屋の先客が、木漏れ日を浴びながら読書に耽る姿を目にしたとき、わたる　はそのまま小径沿いに立ち去ろうと思っていた。

　そんな　わたる　の気持ちを見透かしたかのように、「お掛けになりませんこと?」とそのとき彼女の方から声を掛けなかったのなら、その出会いは決してなかったかもしれなかった。

（ここで　わたる　は、「出会いは、いつも偶然の風のささやきである。」と後年よく人に語るのは、この時の印象に寄るのかもしれないことを付け加えた。）

　鼻筋の通ったその女性が、こちらを向いて微笑んだとき、ベールはわずかに彼女のしなやかな髪の一部と細い首筋を覆っていたに過ぎなかった。

　イスラームでありながら、積極性を失わないその女性に、ある種の神秘性すら感じながら、わたる　もまた活動的な男性の一人として堂々と彼女の傍らに掛けた。

「海わたる　さんでいらっしゃいますね?」

「どうして私のことを?」

「あなたの発表は、二度とも見せていただきましたわ。」

それは、学年の修業時に、講堂における、掲示物による、研修成果についての発表であった。

「申し遅れました。私、シェヘラザードと申します。皆は短くシェラと呼びますわ。あなたと同じユンテングンポ教授の四年生、この休みが明けたら、研究生として一年生の教壇にも立ちますのよ。」

「ああ、なんだ！　先輩だったのですか。それはどうも失礼しました。」

「いいえ、そんなこと。それよりあなたの発表、本当に素晴らしかったわ。一度目は、胃液の逆流に対する手技でしたわね。あの発表で素晴らしかったのは、皆が言っていたような、横隔膜の食道裂孔を開き、食道を上から下へ流すことで、食道下部の前癌状態が予防できるかもしれないなどということよりも、胃回腸反射・胃結腸反射など大きく腹部全体の手技として捉え、胃もたれが腹鳴とともに解消したと感じた人が何人いたか、集積の分析をされたことだと思いますわ。それから二度目は、若い成長期の方たちの、背骨が横に曲がる病気に対する手技でしたわね。あの発表でも素晴らしかったのは、内臓の位置の転位を予防できるなどということではなくて、術前と術後で網を張った大きな木枠（きわく）を通して、写真を撮られ形状の分析をされ、さらにはあなたのお国のお辞儀の姿勢を取らせ、左右の肩や肩甲骨の高さの差を分度器で測定して、数量の分析をされたことだと思いますわ。」

「そこまで見て下さっていた人がいたなんて、かえって恐縮します。ところであなたの研究課題は、何なのですか？　もしお差し支えなければ、お聞かせ下さいませんか？」

「聞いていただけるのならいくらでも……。ただその前に私自身のことも少しお話ししておきますわ。実は私、中東のラマダの首都オアシスの出身ですの。幼いときから親代わりになって私を育てて下さった、小学校の校長先生の推薦で、チベットの医学校に留学しましたのよ。ご承知かと思いますけど、チベット医学は中国の漢方、インドのアーユルヴェーダ両系統の影響を受け特に優れているため、昔からユナニ医学の地、中東からも留学する者がありましてよ。そこで二年が過ぎた頃、インドのカルカッタの港に着いた船の船員が、出血と貧血を訴え全身衰弱しているのに、原因も治療法も分からないため、協力を求めてきたことがありましたの。その時私にも、女性ながら成績抜群との理由で、出向の許可が下りましたのよ。そこで現地へ急ぎ、医師や研究者が大勢集まっているカルカッタのアーユルヴェーダ病院ではなく、その貿易港に停泊中の船舶を調べましたところ、食用に飼われていた兎がぐったりしたまま、まだ数羽虫の息で生き残っていましたの。そこでその数羽の兎を用いて、それぞれ様々な餌を与えてみましたところ、インド原産の仏手柑（ぶしゅかん）を与えた兎に、回復の兆しが見られましたの。そこで他の兎にも与えましたところ、皆回復しましたの。病院へもそのことを伝えましたところ、入院中の船員にも与えられ、皆回復されましたわ。」

「それは、たいしたものですね。皆さん、さぞ喜ばれたでしょう。」

「それはもう、チベット医学の地、ブータンに帰りましてからも、管長自ら出迎えて下さって、〝仏の御手〟の柑橘類で人の命を救ったと、差し詰め観世音菩薩扱いされましたわ。確かに仏手柑は果実の下端が裂けていて、ちょうど人の指を列ね（つらね）たような形をしているところから、その名があるのですけれども……。ところが私が次の研究課題について相談に伺ったころから、管長の態度が急に変わってしまわれて……。」

「次の研究課題とは?」

「私実は、その時カルカッタのアーユルヴェーダ医学校の教材販売部で、骨格標本を購入しましたの。その骨格標本は、頭頂部が縦に長い長頭型しかも左右対称性の頭蓋骨で、しかも直線的な脛骨は、そのままその人がインド・アーリア系に属していることを、さらに無縁仏を酸でさらし骨格標本として販売可能な地域を考え合わせれば、おそらくベンガル湾岸東部の人であろうことが推測されましたわ。また特に恥骨結合のなす角度が九〇度と広く、出産にも十分耐えうることから、明らかにそれが女性のものであることも分かりました。そして歯牙全体にも磨り減りが目立ち、何より関節周囲に老化の証拠として骨多孔の傾向、つまり穴凹(あなぼこ)だらけの状態があり、逆に腰部の特に下の方、背骨の一つ一つの辺縁では骨増殖がみられ、老人でしかも重労働に耐えた人であろうことも推測されましたわ。ただそれらの標本は、いまあの附属医院の私の所属する科に保管してありますの。海さんにも来ていただければいいのですけど、その科というのがユンテングンポ教授の提唱で最近できたばかりの、婦女のための専科で男性は入れませんのよ。明日またこの時間に、ここへ来ていただけませんこと? そしたらその時、標本全部というわけには参りませんけど、私がその折、研究課題として提案した鎖骨と肩甲骨だけ持って来て、ご覧いただきながらご説明申し上げられますわ。」

「もしご迷惑でなければ、その様な課題でしたら、私も大いに興味がありますので……。」

かくして次の日また同じ時間に、二人は同じその中国庭園の東屋で、再会することとなった。

わたる　が、あくる日同じ時間に、再びその中国庭園へ行ってみると、シェヘラザードは、すでにその東屋に来ていて、昨日と同じように、木漏れ日を浴びながら読書していた。

「遅くなりました。」

「いいえ、時間通りよ。」

わたる　を見て本を伏せた彼女は、替わりに傍らに置いた包みの中から、昨日話していた骨格標本としての鎖骨と肩甲骨を取り出した。

「こちらよ、海　さん！」

呼びかけながら彼女は、その鎖骨の前面を肩甲骨の外側面に合わせた。

すると不思議なことに、鎖骨前面の曲線と肩甲骨外側面の曲線とが、測ったかのようにぴたりと合った。

「どう思う?」

言いながら彼女は、その鎖骨と肩甲骨を　わたる　に手渡した。

受け取った　わたる　は、それらを再び組み合わせ、やはりぴたりと合うことを確かめながら、

「ヒトを含む霊長類では、肩の背中側の骨である肩甲骨と、胸板（むないた）の骨である胸骨を結ぶ鎖骨が発達し、全体としてしっかりとした肩構造になっているため、手が自由に使えるのに対して、牛馬などでは、鎖骨が発達せず、かわりに四足歩行あるいは四足走行できるため、草原を自由に歩きあるいは走ることができることと、何か関係があるのでしょうか?」と逆に尋ね返

した。

「それは、そうだと思うわ。特に西洋科学では、ダーウィンの『種の起源』に代表されるような〝進化論〟が取り沙汰されている昨今だからこそ、私はこのことを、次の研究課題として、取り上げたかったのよ。ところが管長は、恐らく私を、進化論者だと思われたみたいで……。」

「シェヘラザードさん！　一つお聞きしてよろしいでしょうか？」

「ええ、何なりと！　お答えできる範囲であれば……。」

「それではお聞きしますが、あなたが課題を研究されるとき、一番大切にされていることは、何なのですか？」

シェヘラザードは、しばらく考えてから、「やはり〝古い伝え〟か・しら……。」

と徐に（おもむろ）答えた。

わたる　は、「詳しく聞かせていただけませんか？」と即座に乞うた。

「そのカルカッタの港に着いた船の船員の中には、英国人もいたわ。でも彼らの中にも、取り敢えず先ずインド伝統のアーユルヴェーダ病院を信じて、他のインド人の船員とともに、入院した人たちもいたのよ。私が港に停泊中だったその船を調べて、まだ数羽虫の息で生き残っていた兎を見付けたときだって、出入りの関係者の中には、同様の症状を訴えた人は一人もいないと伝え聞いて、伝染病を否定することができなかったなら、とても次の調査には移れなかったわ。そもそも〝壊血病〟と思しきその病気に対して、〝仏手柑〟を選択肢の一つに挙げることができたのだって、〝古い伝え〟がなかったのなら、そしてそれを取り敢えず先ず信じなかったなら、とてもできなかったことだわ。ところで話は変わるけど、海　さん！　脚気には、米糠（こめぬか）がいいという〝言い伝え〟もあるわ。一方脚気は、酷く（ひどく）なると脚（あし）の筋肉の弾力だけではなくて、心臓の筋肉の弾力をも乏しくし、心臓のポンプアップの作用をも弱め、下肢に浮腫みの来る心臓脚気に陥らせ、ついには死に至ることだってあるわ。これに対しニンニクは古くから心の臓、特に心筋の薬として用いられてきたわ。ところがそのニンニクからは、何度試みても米糠と同じ成分は発見されず、単にその形が似ていることから、心臓の薬として用いられるようになったに過ぎないとされ、長く心筋に対する効果は疑われてきたの。でも私は思うのだけど、同じネギ類のタマネギの皮をめくるとき、涙が出るでしょ。あれは、タマネギのもつ豊富な硫黄化合物が、目にしみるためなの。実はニンニクにもこの硫黄化合物が含まれていて、その成分もこの硫黄化合物と化学的に結びついているため、容易に発見されないのではないかって……。」

「私の祖国にも、私が子供のころ〝江戸煩い（えどわずらい）〟という〝言い伝え〟がありました。地方の田舎娘が江戸に出て奉公に上がると、必ず〝脚気〟と思しき病に掛かって帰郷し、しばらく田舎暮らしをすると病が癒えることから、そのような言い回しが生まれたようなのですけど、それなども江戸で種皮、胚芽など米糠の成分を落とした白米を食し、田舎へ帰ってそれら種皮、胚芽など米糠の成分を含んだ玄米、半搗き米（はんつきまい）などを食して病が癒えたとすれば、辻褄の合う話です。」

「もう一つには、信教の問題もあると思うの。ヒンドゥー教では、地面から下のもの、すなわち根菜類は食べないから、ニンニクではなく、海　さん　が言うような、その玄米、半搗き米などがいいと思うわ。」

「牛は、神の使いだから食べないとは、聞いていましたけど、そこまでは知りませんでした。」

「でも水牛は悪魔の使いだから、食べましてよ。それから　海　さん　元々そうしたことは、西洋医学にだってあってよ。エドワード・ジェンナーは、英国の外科医で、近代的な意味で、天然痘に対する予防接種である、種痘法を最初にはじめた人物だけど、彼も、乳搾りなどで、一度牛痘に罹患したことのある人は、人痘に感染しないと言う〝言い伝え〟を聞いて、確かサラ・ネルメスと言う乳搾りの女性だったと思ったけど、棘の刺さった指の傷から牛痘に感染したと聞き、その病変から膿汁を採取して、それをジェームス・フィリップスと言う名の、八歳の少年に接種したのが最初だと聞いているわ。その後も天然痘患者の痂皮すなわち瘡蓋（かさぶた）を、そのフィリップス少年に幾度か接種して、全く発病しないことを、つまりごく弱い牛痘を接種しても、十分な予防効果がえられることを実験的に証明したのよ。ところで、海　さん！　今更遅いとは思うけど、私あの時その管長さんにどう説明すればよかったのかしら？　私が課題を研究するとき、一番大切にしているのは〝古い伝え〟だとでも言えばよかったのかしら？」

「それもいいかと思いますし、あるいは単刀直入に、私は、人は人として造られていると思っていますとか……。」

「それじゃあ、取って付けたみたいだわ。第一私は、クリスチャンじゃありませんし……。」

「それでは、ここは素直に、私は神仏を信じていますとか……。」

「そうね。いずれにせよその後、ユンテングンポ師が、この大学からの教授としてのお誘いをお受けになられたのを機に、私も尊敬する師とともにこちらに移ったというわけなのよ。」

「シェラ！　こんなところにいたの。探したわよ。Fさん、陣痛始まりそうよ。そろそろ来て頂戴。」

その時、東屋におけるシェヘラザードの読書に、いつも優しい木漏れ日を注いでくれていたあの木陰から、彼女より少し年嵩（としかさ）と思しき、中国女性が声を掛けた。

「ごめんなさい、海　さん、私もう行かなければ……。」

「わかりました。次は是非あなたの宗教観を、お聞かせ下さい。」

「わかったわ。それでは、明日のこの時間、またここでお会いしましょう。」

あくる日、わたる　は、今度は先に行って少し待っていようと、早めに東屋に来て読書していた。

随分待ったのに、まだ来ないのは何かあったのだろうと思い立ち、書籍を閉じたとき、「遅くなりました。」と少し息の弾んだ声が、いつも木漏れ日を注いでくれている、あの木陰から聞こえた。

「いいえ、それよりお忙しいのではありませんか？」

「もう大丈夫です。昨日のFさん、あれから今日の朝まで掛かりましてよ。」

「それでは、さぞ、お疲れでしょう。今日はゆっくりお休みください。明日またお会いしましょう。」

「何故そんなことをおっしゃるの。私昨日から今日の朝まで、あなたにお会いして、またお話しできることだけ、楽しみにしていましたのよ。」

「それは、私も同じです。」

「それでは、疲れた私から言わせないで、あなたからおっしゃって頂戴。あなたは、世界の宗教についてどう思うの?」

「世界の宗教と言われますと、キリスト教、イスラーム教そして仏教を、その平等思想から世界三大宗教と、呼ぶことがあるようですが……。」

「それは、ヒンドゥー教に対する大いなる誤解よ。何故ならヒンドゥー教には、輪廻(りんね)思想があるからよ。先ずヒンドゥー教は、インドゥー教すなわちインドの宗教よ。ただネパールなど、他のインド周辺の国々にも信徒は多いわ。ただしブータンでは七〇%以上がチベット系のチベット仏教徒すなわちラマ教徒、二〇%以上がネパール系のヒンドゥー教徒よ。インドの宗教だから、インド古来の民族的な宗教が総括されているのよ。だからバラモン教も、その前身よね。また同時にその後、仏教特に大乗仏教の影響も受けているのよ。だからヒンドゥー教の信仰の中心にある、三大神ブラファー・シバ・ヴィシュヌの内、ブラファーは仏教の梵天だし、シバは仏教の大自在天だし、ヴィシュヌだって私に言わせれば古くは太陽の活動を象徴していたわけだから、大日如来も含まれていると言えなくもないと思うわ。いずれにせよ霊魂の不滅と、輪廻の思想がその根本にあるのよ。だから釈迦仏教では、『十界』と言って人間の心の持ち様を、十の段階で説明しようとするでしょ。具体的には地獄(じごく)・餓鬼(がき)・畜生(ちくしょう)・

修羅（しゅら）・人（じん）・天（てん）・声聞（しょうもん）・縁覚（えんかく）・菩薩（ぼさつ）・仏（ほとけ）の十だけど……。それぞれの段階の詳しい説明は省くとして、天までの六つの段階を『六道輪廻（ろくどうりんね）』と言い、人はこの六つの段階を繰り返すのよね。釈迦はその輪廻から解脱（げだつ）、つまり解き放たれる方法を考えたわ。その解脱までの段階と言うのが次の声聞すなわち仏の声を聞き、縁覚すなわち仏の縁に触れ、菩薩すなわち仏の一歩手前の状態となり、仏すなわちこの世の苦しみから解き放たれ全く自由な境地に達することだったのよね。」

「私がかつてお世話になった住職から聞かされた釈迦の悟りは、釈迦が三五歳の時、インド東部のブッダガヤーの菩提樹の下で、坐禅を組んで得たもので、先ず〝諸行無常〟すなわち万物は常に移り変わって行き、わずかの間もじっとしていないということ、次に〝諸法無我〟すなわちいかなるものも、それ単独で存在しているものはなく、なべて他とのつながりを持っているということ、そして最後に〝涅槃寂静〟すなわちそれら二つのことが真に体得できれば、煩悩すなわち妄念から解放され、心静かで安らかな境地に至れるということの三つだったと記憶しています。」

「そうね、でも私が調べたところ釈迦は、その後インドのガンジス川流域各地を遊歴し、人々を教化し八〇歳でクシナガラに入滅する前に、『人生は甘味である。この世は美しい。』と言っているのよ。私は、その方が余程立派な悟りだと思うわ。」

「よく調べられましたね。でもその釈迦仏教とヒンドゥー教の輪廻思想とは、どう繋がるのですか？」

「ヒンドゥー教徒のなかには、釈迦の説く仏教もまた、その一部であると説く者もあるのよ。

また釈迦が仏陀（ブッダ）と為り得たのも、前世の行いがよかったからだとする者もあるわ。そのようにヒンドゥー教では、前世の存在を否定しないわ。そしてそれは、チベット仏教すなわちラマ教でも同じだわ。ここからは私の考えだけど、脳・神経の伝達は、電気的なものだと言われ出して来ているわ。そして電気が空中を飛ぶことを、私たちは日常的に眼にしているわ。〝雷〟がそうよ。ブータン人は、自らのことを〝ドゥクユル〟と呼ぶけど、それは〝雷〟あるいは〝竜〟を意味するわ。ここは標高が高いから夏でも過ごし易く雨も少ないけど、ブータンでは、夏の雨季に河川が南流し、インドのプラマプト川に流れ、その沿岸の盆地では肥沃な水田地帯が広がり〝雷〟が〝竜〟のように〝稲妻（いなづま）〟を形作るそうよ。それが、たとえ死者の放つ微細な電流であったとしても、求める受容体に対して飛ばない理由はないわ。海　さん　ごめんなさい。私ここまで一気に話したら、やっぱり疲れちゃったわ。次は何について話したい？」

「今度またお会いできるのなら、三年からは病理学が始まることでもあるので、〝麻酔〟についても、知りたいと思っていたところなのですが……。」

「例えば〝麻酔〟の何について？」

「私は、この大学に入る前、西洛の近くの養生園というところで、モハメド・ババと言う、フランスにも留学されたことのある、この大学でも教授をしておられた方のお世話になっていたのですが、その方からは、私の国の華岡青洲の通仙散、別名麻沸湯と呼ばれる全身麻酔の話を聞いたことがあります。あっ、それから……」

「わかったわ。それだったらフランスの単位で書かれた詳しい資料があるから、今度持ってくるわね。ただし明日ではなく、一週間後の同じ時間ということにしましょう。昨日実は……。」

「何か言われましたか？」

「いえ、何処にいるかだけ、知らせといてくれ、と言われただけよ。でも幾ら人目に付かないところだとは言え、あまり続けて会うのも、よくないかなと思って……。」

「わかりました。それでは、来週のこの時間に、またお会いしましょう。」

「そのとき、私も華岡青洲の通仙散の資料、忘れないように持ってくるわ。それじゃ、またね！」

一週間後の同じ時間、今度はどちらが先と言うこともなく、いつも木漏れ日を注いでくれている、あの木陰で出会った。

「今来られたのですか？」最初　わたる　が声を掛けた。

「ええ、あなたも？」今度はシェヘラザードが尋ねた。

「はい、今来たところです。掛けましょうか？」最後に　わたる　が誘った。

そして二人は、どちらからともなく、いつもの東屋の長椅子に掛けた。

シェヘラザードは、早速傍らに置いた包みの中から約束の資料を取り出した。

「海　さん、ここよ。」

彼女は、その資料の下線部分を示しながら読み上げた。

「華岡青洲は、マンダラゲ二、草鳥頭（ソウズ）二、白芷（ビャクシ）二、当帰（トウキ）二、南星沙（ナンセイシャ）一の処方を四g水およそ三六〇㎖で煎じ、およそ三二〇㎖にして患者に与え、一～二時間後麻酔状態となり、五～六時間後麻酔から醒めることを発見、その用量は、五

～一〇歳で成人の半分、一〇～一六歳で成人の七割であるとした。」

「ただこれも、それまでの〝古い伝え〟があってのことよ。」と付け加え、もう一つの下線部分を示し再び読み上げた。

「朝鮮朝顔および草烏頭（ソウズ）などに、鎮痛および麻酔作用のあることは、古くから和漢の文献にも記録があり分かっていたことであった。そこですでにこの国でも、彼以前から正骨家が鎮痛の目的で、その用法に乗り出していた。ただそれらは、採集時期により、毒性あるいは効果がまちまちであり、投与量に悩み、最小量にとどめていたため、十分な効果を上げることができず、わずかな鎮痛効果に止まっていた。」

「ところで　海　さん、何故あなたは、こんなことが知りたいの？」と、彼女はそもそもの質問を投げた。

「最近西洋では、針麻酔の効果に注目しているという情報を掴んだものですから……。」

わたる　の答えに不満げな様子を顕（あらわ）にした彼女は、「海　さん！　あなたにお聞きするわ。本来『牛黄（ごおう）』って何かしら？」と最初の反問を投げ掛けた。

「『牛黄』とは、本来、仔牛の胆石のことだと思いますが……。」

「それでは、何故、仔牛なのかしら？」と再び次の反問を投げ掛けた。

「牛ならば、もともと、牧草以外のものは食べないはずですが、仔牛ならば尚更（なおさら）母牛の母乳が主体と思われます。それならば、不純物たとえば肝臓で解毒しきれなかった毒素が胆汁中に排泄され、それらが胆石の中に含まれることも少ないだろうと思われるからです。」

「それでは、その仔牛の胆石を投与されると、体内では何が起こるかしら?」

「肝臓が刺激され胆汁がどんどん出ます。そして胆汁の中には、肝臓で解毒しきれない毒素も含まれていますから、肝臓の掃除になります。」

「それじゃあ、これが最後の質問よ。そんな大切な『牛黄』を、舌の上に載せて胆汁の渋みで舌が痺れる(しびれる)からと言って、喉の痛み止めに用いていいのかしら?」

「いけません。」

「わかったら、次にあなたが話したかったことは、何あに? 仰い!」

「お聞きしたかったことは、先ず現在、付属医院では、阿片は扱っているのでしょうか?」

「医療用の阿片なら少しはあると思うけど……、何故そんなことを聞くの?」

「これが一番聞きたかったことなのですけど……、この大学の〝立ち入り禁止区域〟には、〝阿片窟〟があるという情報を聞いたことがあったものですから……。」

「あなた、そんなことを信じているの? 〝古い伝え〟にも、そのように迷信が含まれていることがあるから、検証が必要なのよね。もっともこの場合は、迷信というより〝大学伝説〟というべきかもしれないけど……。私が分室の孫梅然に聞いたところでは、創傷を覆う吸水性の高い繊維、丸薬を製造するための樹液・樹脂、消毒用の濃度の高いアルコールなどの研究・開発をしているそうよ。」

「何だ! それだったら立派な研究機関じゃないですか。何故隠す必要があるのですか?」

「ただそれらの背後に隠れているものが、もう一つあるみたいなの。もっとも〝阿片窟〟ではないみたいだけど……。海　さん！　もしあなたがそんなに気になるのなら、ご自身で検証してみたらどう？　ただし今の時間帯は、止めた方がいいわ。もっとも、あんまり暗くなってからでも、何も見えなくなってしまうでしょうから、月明かりをねらうのも一つね。近頃は、それほど厳しい警戒は、していないみたいだし……。ただ、くれぐれも気を付けて……。それから分かったことがあったら、私にも教えて頂戴。」

　二人は、次の週また同じ場所で同じ時間に会う約束をして、その日はそれで別れた。

ただ　わたる　だけは、一旦寮に帰り夜になるのを待って、〝立ち入り禁止区域〟内に忍び込み、一番大きな建物の玄関横、大きな部屋の出窓のカーテンの隙間から、そっと内部を覗き込んでみた。

　すると大きな長方形の足つき台が三つほど、それぞれの台上に確かに実験備品らしきものを、様々しかも雑然と並べているのが、月明かりにも朧気に（おぼろげに）浮かび出されていた。ただ、さらにその奥となると、何があるのかまでは、しかと分からなかったので、その建物の反対側の茂みに一旦身を伏せ、二つある縦に長細い嵌め殺し（はめころし）の窓の一つまで捻じり寄り、再び中を覗いてみた。

　廊下越しなのではっきりとは分からなかったが、柱と柱の間の腰板と、わずかに巻き上げられた簾（すだれ）との隙間から、何やらキラキラ光るものが三和土（タヽキ）と思しき（おぼしき）床に、雑然と散在していることだけは、確認できたかと思ったその瞬間、誰かが背後から　わたる　の肩を突然叩いた。

「海　先生！　私ですよ。張安です。」

一瞬生きた心地のしなかった　わたる　は、その聞き覚えのある声に、正に命拾いした。

「きっと、来られると思っていました。ご案内しますよ。」言いながら張は、手持ちのカンテラに火をつけた。


……


内部を一通り見終え得心した　わたる　と案内し終えた張は、最初に入った研究・開発室に再び戻り、実験台用の椅子に互いに腰掛け合い話し始めた。

「すると向こう側で作っているのは、切子ガラスの細工ものというわけですね。」

「そうです。ただここで作っているのは、飽く迄その型見本で、それを元にあの大道を挟んだ向こうの町工場群で量産し、私や部下がそれらを荷馬車で西洛まで運び、『西域瑠璃（さいいきるり）』の名で西安に送り出しているのです。」

「そのどこに、問題があるのですか？」

「『西域瑠璃』は、飽く迄〝商品名〟です。もう西域で作られていないことは、商業者仲間では、今では公然のことです。そうでもなければ、瑕（きず）一つない『瑠璃』を、その価格で常に一定量提供できるわけがありません。ただこの流通機構が出来上がるまでには、紆余曲折（うよきょくせつ）があったのです。特に最初のころは、学生に紛れた清国の密偵が、ここだけでなく、あの町工場群をも嗅ぎ回っていたのです。」

「私は、今の今まで、あの一帯はこの大学施設に一番近い、単なる町そのものだと思っていました。」

「そう思っている学生は、今でも多いようです。実際、商店もあれば、町工場内でも寝泊まりできます。たださらにその向こう側には西洛が建てた寮もあります。」

次の週約束通り同じ中国庭園の東屋で同じ時間、シェヘラザードと再開を果たした　わたる　は、彼女にこのことをすべて話した。

「この大学の潤沢な資金も、その『西域瑠璃』に負うところが大きいのでしょうか?」

「それも、まだ一部に過ぎない・と思うわ。西洛は、西は遠くインドにまで及ぶ〝貿易の道〟を持っていると思うわ。」シェヘラザードは、自らの実体験から、ある確信をもって語った。

戦（いくさ）ではなく冒険

二十五

大学における研修もさらに二年が過ぎ、卒業のための講堂における研修成果の発表にも合格した　わたる　は、この小西洛そのものを預かる馬学室長からの呼び出しを受けた。

孫梅然によって案内された分室の会議室には、すでに中央の席に馬室長、そしてその傍らにいささか深刻な面持ちの張安の姿もあった。

立ち上がりながら　わたる　に馬室長は、「海　先生！　ご卒業おめでとうございます。」さらに続けて張安の向かいの席を示しながら「お掛け下さい。」と声を掛けた。

「今日わざわざお越しいただいたのは、ご卒業まではと思い、我々今まで黙っておりましたが、そろそろ申し上げなければならない、重大な事案が生じたからでございます。西洛が、李陽警護隊長によって乗っ取られました。」

「えっ！　まさか？！」

「その、まさかです。」

「いつのことですか？」

「我々がこの情報を得たのは、五日前です。情報が伝達されるまでに一五日、その内容から言って、クーデターからは五日が経過していたものと思われます。逆算すれば恐らく二五日ほど前のことと考えられます。」

「王騫警護隊副隊長は、どうしておられるのですか？　その前に先ず一番大切なことは、李文候がどうしておられるかということです。」

「それが、皆目分からないのです。我々のこの情報も、西洛の市民および張安の馭者仲間のSからのものなのです。」

「S？」

「情報収集係、早く言えばスパイです。」

わたるは、しばらく考え込んでから「室長さん！　誠に恐縮に存じますが、どこか別な部屋をお借りし、張安と二人で善後策を練らせていただけないでしょうか……？　内容は、すべて室長さんに、後でご報告申し上げます。」と馬室長の意向を伺った。

「さすが　海　先生！　西洛からこの小西洛に、まだ何も言って来ていない現在、分室の室長である私が直接携わる言動は、避けるべきでしたな。別な部屋を準備するまでもない。私は、室長室で控えています。ここで二人、とことん遣り合って下さい。その作戦会議の結果は、どのような内容であれ、後に（のちに）お聞きすることに致しましょう。」室長はそれだけ言い残し、その場を去った。

二十六

「それでは、この分室の玄関横に飾ってある、あの大砲を使うとして、一度馬車の修理を委託している鍛冶屋に見させましょう。ただ樹液や樹脂から、それだけのものは、ちょっと……？！」

「樹液・樹脂は、そのままでも、水分が飛んでしまえば自然凝固します。尤も（もっとも）それだけでは弱過ぎるので、酸性溶液、例えば蟻酸溶液などを加えることで完全に固形化します。逆にアルカリ性つまり塩基性溶液、例えばアンモニア溶液などを加えれば自然凝固すら阻止できます。ただこの場合、隣で切子ガラスを作っているのですから、硫黄（いおう）があったはずです。硫黄を使えば、天然ゴムができます。あんなに素晴らしい丸薬が作れるのです。彼らなら、きっと出来るはずです。」

「分かりました。遣らせてみましょう。」

この時、ちょうど孫梅然が二人にジャスミン茶を運んできた。

気を落ち着かせるその香りに、わたる　は、養生園で師であるモハメド・ババと語っているとき、王副隊長の姉、王鳴が気を利かせ運んできてくれた、あのジャスミン茶のことを思い出した。

「今し方これが届きました。室長が早速持って行ってあげなさいと、言われたものですから……。」

「あっ！　これは、モハメド・ババ先生から……。」

それは、正にそのモハメド・ババからの手紙であった。

その手紙によると、李文侯も最高顧問であるジャクソン・ブラウン司祭も、宮殿の地階にある、あの代用監獄にもなるという、留置所に監禁されているというのである。

また同封の封書は、王副隊長の妻、薛琳（シュエ・リン）図書司書から王副隊長の姉、王鳴に当てて届けられたものだという。

そしてその手紙の中には、今度は更にシッカリと閉じられ、閉じ目に×印で封印された入り子のような、さらに小さな手紙がもう一つ入っていた。

慎重に封を切ったその中には、一枚の地図が折りたたまれていた。

そしてその地図は、西洛の北の城壁すなわち黄河側に開けられ、宮殿につながる秘密の通路を示していた。

「王騫副隊長は、李陽隊長に悟られないよう、反撃の機会を伺っているのです。この手紙の文面から、モハメド・ババ先生が私に連絡を取ると知って、急遽、妻である薛琳図書司書を介し姉である王鳴に、この地図を託したに違いありません。大勢の人の命がかかっています。我々はよほど心して、しかも慎重にかからねばなりません。」わたるは、そこまで言うと、ジャスミン茶をごくりと一口飲んで、「張さん！　西洛南側の段々畑の農民の協力は、間違いなく得られますか？」と張安に確かめた。

「農家の三男・四男で〝ライチーの道〟の馬車の馭者になっているものは大勢います。大丈夫です。」

「穴掘り隊と案山子隊（かかしたい）それぞれ最低でも一〇名ずつは要ります。」

「分かりました。彼らの家族も皆、李文侯の味方です。それも大丈夫です。」

「私は、これからモハメド・ババ先生に手紙を書きます。その目的は、先生に西洛の東の渡し場付近の空き地を利用し、敵味方の区別なく怪我人の救護に当たる天幕張りの、野戦病院を開いていただくためです。これからの時季、盂蘭盆（うらぼん）の準備に紛れ、水夫や患者の家族にも手伝ってもらうとして、その手紙とともに例のここで研究・開発された、創傷を覆う吸水性の高い繊維、消毒用の濃度の高いアルコールなども含め、付属医院から必要な薬品類を送ってもらいたいのですが……。」

「馬室長の許可は、直ぐにも下りると思います。許可さえあれば、物を届けるのは我々の仕事です。間違いなくやり遂げますよ。」

「それから……。」

「何でも仰って下さい。できる範囲であれば、何でもお聞きします。」

「ポンプを三本」

「それは……？」

「勝機がつかめたら、モハメド・ババ先生たちに、黄河の水を城壁内に放水してもらうためなのですが……。」

「分かりました。そういうことなら、絶対に必要なものですから……。ただし、こちらから送るというよりも、そうしたものであれば、現地で調達してもらった方が、はやいと思います。こちらからは、調達に必要な費用を賄う（まかなう）ための、為替（かわせ）を送っておきましょう。西洛の経理は、握られているかも知れませんが、小西洛にもまだ、室長の許可さえあれば動かせる経費が、ある程度は残されているはずですから……。」

ついついまだ居残って、立ったまま二人の話を聞いていた孫梅然に、張安は、馬室長の許可を必要とする事柄だけ、先に連絡しておいてもらおうと思い立ち、話し出したその腰を折るかのように　わたる　は、「ちょっと待ってください。その前に、室長さんに伝えておいてもらわなければならない、基本的なことがあります。その第一は、この小西洛の管理は従来通り、飽く迄室長さんにお任せするということです。第二は、これからのことはすべてこの　海わたる　と張安が勝手に遂行することだということです。第三は、これが本当は一番大事なことなのかも知れませんが、この戦（いくさ）本当は戦とも呼びたくない、出来たら冒険とでも言っておきたいのですが、犠牲となる死傷者を極力出さないようにしたいということです。それは前の二つと同じように、清国政府の手前ということもありますが、何よりもそれが人の道に叶うことだからです。我々も後から全てご報告申し上げるつもりでいますが、これらのことだけは、先に室長さんに伝えておいてほしいのです。」

「無理ですよ。海　先生！　孫梅然は、一女性職員ですよ。」

「いいえ、大丈夫です。海　先生の言われたことは、すべてメモしましたから……。それに、李文候そして西洛の危急存亡のときです。私だって、お役に立ちたいですわ。」

「賢い女性（ひと）だな！」言いながら　わたる　は、張安の顔を見た。

「私たちが、こうしてこの小西洛の大学で、学べたのも李文候のような度量広い人が、先に立って下さっていたお陰です。」

「それは、我々や我々の仲間も、皆等しく同じ気持ちです。」

「張さん！　孫さん！　李文候のため、そして西洛のため、何よりもそこに住む大勢の人々のため、ともに力を合わせましょう。」

三人は自ずと、それぞれの両の手を重ね合わせていた。

二十七

それから一〇日余りが過ぎ、西洛奪還のための準備も着々と整いつつある今日（こんにち）この頃、ここから先は、現地で直接状況を目の当たりにしながら、指示を出した方がよいのではないかということになり、わたる　も張安も、いよいよ小西洛をあとにすることとなった。

打ち合わせを終え分室を出る際、わたる　は、張安に、「私は、これからシェヘラザードにあるところで会って、しばしの別れを告げるつもりです。余分なことかも知れませんが、ご家族以外にも、しばしの別れを告げるべき人がいれば、今日を措いて（おいて）他にはないかも知れませんね。」言いながら、ちらりと孫梅然の顔を見た。

張安は、振り向きざま「私も、そのつもりです。」言いながら、わたる　の右腕を左手で抑え、右手で握手した。

わたる　は、内心、自分の一言がお節介にならなくてよかったと思いつつ、最近あまり行っていなかったあの中国庭園の東屋へ急いだ。

シェヘラザードとは、今回は申し合わせたように、同じ時間に会うことができた。

「私をラマダのオアシスまで、送り届けてくれるという約束はどうなるの？」

「この冒険を無事終えることができたら、必ず果たします。」

「戦（いくさ）ではなくて、冒険ということね！　それではお聞きしますけど、戦と冒険はどう違うの？」

「戦は命を懸けるもの、冒険は生きて帰るもの。」

シェヘラザードは、二年間の研究生の期間を終え、このとき留学許可期間のすべてを使い果していたのである。

故国ラマダの首都オアシスで待つ、お世話になった小学校の校長先生のもと、懐かしい幼なじみのベアトリーチェとも、再会を果たしたい気持ちで一杯だった。

確かに行きはよかった、チベットの医学校までは、同行する留学生も何人かはいたし、ここ小西洛までも、大学から教授として招聘されたユンテングンポ師に、ついていけばよかったのであった。

「今度はチベットの医学校の管長が、ユンテングンポ教授を呼ばれたのよ。私は正真正銘一人ぼっちだわ。」

「何故ユンテングンポ教授に、ついていかれなかったのですか？ 私と同じ寮のグンテチェン先輩は、あなたと同じように二年間の研究生の期間を終えられ、ついていかれたではないですか。」

「チベットの医学校の管長が呼んだのは、ユンテングンポ師であり、許可したのは師が選んだ男性の同伴助手一名であって、女性の私じゃないわ。第一、まだ管長は私を進化論者だと思っているわ。結局一番いいのは、約束通りあなたが生きてここへ帰って、私を故国まで送り届けてくれることね。この場合それしかないみたいよ。」

「分かりました。それでは、再度お約束致しましょう。必ず生きて帰ると……。」

「それなら私も、それまでここで、あなたの吉報を待っているわ。」

二十八

わたる　は、張安が手綱を握る荷馬車の荷台に、覆いが掛けられ他の荷に紛れた修理を終えたばかりの大砲とともに乗り込んでいた。

張安は、いつもよりさらに先を急ぎながらも、わたる　に話しかけた。

「海　先生は、私と梅然とのことに、いつから気付いておられたのですか？」

「それは、小洛に着いた最初の日からだよ。」

「まさか！　それでは、お聞きしますが、最初彼女は、先生に何を言ったか覚えておられますか？」

「昨日のことのように覚えているよ。」

「それなら一言も漏らさず、言えますか？」

「よし、じゃあ言ってみようか。」

「是非、お願いします。」

「よし、そんなに言うなら……。『今はまだ夏休み中なので、人影はまばらですけど、九月に入り〝開学典礼〟が始まるころには、この中は数百人の学生でごった返すわ。この国の学生だけではなくて、様々な国からの留学生もやってくるから、さながら民族衣装の花が咲いたようになるわね。その前にこれからのことを、しっかりと頭の中に入れておいて下さいね。先ずこの建物の右前にある大きな地図の看板を見て、あなたがこれから入る寮の位置を自分自身でよく確認しておいてちょうだい。あなたが入る寮は、この建物からそんなに遠くないわ、三〇分も歩けば着くわね。また九月からのことは、明日もう一度ここへ来てくれれば、室長から直接詳しい説明があるはずなので、必ず来て下さいね。申し遅れましたが私は、孫梅然（スン・メイラン）。まだ分からないことがあったら、何でも聞いて下さい。忙しいときもあるから、何時でもというわけにはいかないけど、空いているときなら、分かる範囲のことをお答えするわ。それからさきほどここまで案内してくれた馭者の青年、明るくて親切だったでしょう。彼は、張安（チャン・アン）、彼の情報量も半端じゃないから、何でも聞くといいわね。』」わたるが、得意の声色交じりにこまで捲くし立てる（まくしたてる）と、張安は、「本当ですか？」と訝った（いぶかった）。

「すべて本当だよ。ただ最後の一言は、どうだったかな……。」

「本当に！　海　先生は、話がお上手ですけど、作り話もお上手なンだから・・！　それでは、こちらもお伺いしますが、先生は、シェヘラザードさんのことをどう思っておられるのですか？」

「いや、彼女は、本当に、千日話しても、まだなお話の泉の尽きない人だよ。」

「それは、どうも御馳走様です。」

清国の駅伝制度の影響で、荷馬車が様々な貨財を集積している大道各宿駅を、大急ぎで通り過ぎ、西洛の影響で、いわゆる〝ライチーの道〟と呼ばれる街道の城壁南の段々畑のさらに南の宿駅を過ぎようとしたとき、二人の乗る荷馬車の周りを農民らしい数人の若者が取り囲んだ。

「張さん！　俺たちだよ。連絡を受けて、ここにいる者は、皆すべて了解しているよ。これから段々畑の連中と合流するつもりでいるのだけれど、一つ提案があって……。これを見てくれ。」

その中のリーダーらしい青年が、そこまで言って、懐の中から春節で余った爆竹で作った、数十個の火薬丸を見せた。

「これを、瓦の破片と破片の間に挟んで、地中に埋め込んだらどうかと思うのだけど、どうかね？」

「海　先生！　彼らは、今は農家をやっていますが、以前は馭者だった連中で、時々手が足りないと、いろいろと手伝ってもらっている、気のいい連中なのですよ。」

「ちょっと見せて下さい。」わたる　は、その火薬丸のうちの一つを手に取って、火薬を包んである紙を丁寧に開いた。

「これは、金剛砂（こんごうしゃ）に火薬が混ぜてある。癇癪玉（かんしゃくだま）だ！」

金剛砂とは、天然の酸化アルミニウムの粉で、金剛石すなわちダイヤモンドに次いで硬い、硬度九の鉱物紛である。

ちなみに金剛石すなわちダイヤモンドは、硬度一〇である。

そして癇癪玉とは、その粉に火薬を混ぜ紙に包んで玉にしたもので、地面に投げつけた際など、大きな爆発音だけがして被害を与えない子供の玩具である。

「これは、ありがたい。こういうものが、欲しかったのですよ。採用させてもらいます。」

わたる　は、彼らを今度の戦　わたる　に言わせれば冒険の意味が良く理解できている、賢明な人たちだなあと思い、彼らは彼らで、わたる　を歳は若いが話の分かる、頼もしい軍師だと思った。

そして彼らも荷馬車に必要な資材を積み込んで、悟られぬよう少し遅れて　わたる　たちのあとを追った。

二十九

西洛南の段々畑のとば口まで来ると、さらに大勢の若者たちが集まってきた。

「張さん！　案山子はもう準備できた。あとは位置さえ決めてもらえれば、総出で穴掘りに当たれるよ。」中でも一際、屈強そうな若者が言った。

張安の話では、ほとんどが農家の二男三男で、現在馭者もいれば、かつての馭者もいるという。

「海　先生！　彼らに、指示を出してやってはいただけませんか？」

わたる　は、早速荷台から降り、挨拶もそこそこに地面に地図を広げ、城壁の警護隊員から、銃弾が届かない位置に塹壕（ざんごう）を掘り、そこにそれらの案山子の一部を配置し、その背後に数十か所、人の背丈よりもさらに深い穴を掘り、それぞれの穴を籤（ひご）と古紙で覆い、表面に分からぬよう土を被せ、それらの落とし穴と穴との間々には、あの瓓瓋玉を瓦の破片と破片の間に挟み地中に埋め込み、さらにその背後に残りの案山子をすべて配置する算段ではあるのだが、それらの作業の開始については、追って連絡するまでしばし待つようにと指示した。

そして　わたる　は、野戦病院の進捗状況を確かめるため、モハメド・ババに会いに、徒で西洛の東の渡し場付近の空き地を目差した。

「おお！　わたる　来たか。」

「ババ先生、お久しぶりです。その節はお世話になりました。」

「堅苦しい挨拶はあとだ。それより、こちらを見てくれ。」

モハメド・ババは、わたる　を盂蘭盆に紛れて準備しつつある天幕の内部へと案内した。

「薬品類もこのように届いている。小洛で開発されたという、吸水性の高い繊維や濃度の高いアルコールもこの通りだ。これら三本のポンプは、西安の消防団が払い下げたものを、安く買い取ることができたものだ。」

そのとき、配置前の備品の背後から王副隊長の姉、王鳴も姿を現した。

「海　先生、お久しぶりです。王鳴です。」

「ああ王さん！　お久しぶりです。その節はお世話になりました。お変わりありませんか？」

「私は大丈夫ですわ。それより先ず弟の王騫も　海　先生の作戦すべて了解済みです。そして次に義妹の薛琳も、李文侯、ジャクソン・ブラウン司祭が監禁されている留置所の、それぞれの合鍵を持っています。」

「義妹（いもうと）さん、よく合鍵を手に入れられましたね！」

「部下の秘書が鍵庫から隙を見て盗み出したものを、義妹が蝋で型を取り、西洛内の協力者に作らせたものだと書いて寄こしました。」

そこへ、年配の水夫が一人こちらへ近づいて来た。

「ああ、凛（リン）さん！　わたる！　おまえも知っているだろう。」

「ああ、あなたは、あのときの……。」

「あの時の阿修羅のように強いお坊さん！　随分成長しなさったね。」

「凛さんと言われるのですか。その節は、養生園への行きも帰りも、本当にお世話になりました。」

「何、それより今度は、大きな声じゃ言えないけど、大切な人たちをお乗せして、ここまでお運びしなきゃいけない。尤も、おいらもおいらの仲間たちも、みんな張り切っていますから、大丈夫、お任せ下さい。」

ここでモハメド・ババが、決起を促すかのように「例の地図なら、凛さんも私も、全て頭の中に、ちゃんと入っているよ。それで、いつ決行するつもりだ?」と　わたる　に迫った。

「この状況を見て、今決めました。城壁南の段々畑は、今日深夜から作業を開始し、明朝未明までには完了します。そして完了を確認次第、直ちに作戦を決行します。ところでババ先生! イスラームでは、悪い言葉を、大声で叫ぶことは、よくないことだと聞いたことがありますが……?」

モハメド・ババ師は、わたる　の決断にこたえるかのように、クラーンの一節を読み上げ、「クラーン四：148には、『アㇽラーは悪い言葉を、大声でさけぶのをよろこびたまわぬ、だが不当な目にあったものは別である。アㇽラーは、全聴者・全知者であられる。』とある。安心しろ!」と付け加えた。

三十

「李陽は、西洛を乗っ取った大泥棒だ!」

「とっとと李文候に西洛を返せ!　この大泥棒!」

特大のラッパ型拡声器で、一番声の大きな者が叫びます。

ズド～ン・ズド～ン・ズド～ン
南の城壁の警護隊員が、歩兵銃を空に向け、数発の空砲を放ちます。

「ヤドカリ！　早く宿から出て来い！」

「弱虫！　へな・猪口！」

更に大勢で、叫び続けます。

ズッド～ン・ズッド～ン・ズッド～ン
更に数を増した警護隊員が、今度は実弾を空に向け放ちます。

なかには、銃口を塹壕の案山子に向けてくる者も現れます。

そんな時、南の城壁の上に王鴦副隊長が姿を現し、隊員に何やら話しかけると、彼らは隊列を組んで下に降り、南門を開いて鬨の声（ときのこえ）をあげ、塹壕の案山子に向かって突撃しはじめました。

ウォ～・ウォ～・ウォ～

先ず拡声器を持った、声の大きな者が、逃げ出します。

しばらく置いて、選りすぐりの足の速いものたちが、一斉に駆け出します。

ワァ～・ワァ～・ワァ～

彼らは、一旦塹壕の中に飛び込みますが、あとのことは案山子たちに任せて、左右の退き口（のきぐち）から、落とし穴の背後の案山子たちの、さらに背後まで回り込んで身を伏せます。

ズッド～ン・ズッド～ン・ズッド～ン

ウォ～・ウォ～・ウォ～

警護隊は、実弾を放ちながら襲い掛かります。

塹壕の敵が、案山子であるとみて取るや、彼らは嵩（かさ）にかかって攻撃します。

アァ～・アァ～・アァ～

パァ～ン・パァ～ン・パァ～ン

そのまま落し穴に落ちる者、したたか癇癪玉を踏みつけ、地雷を踏んづけたかのように慌てふためく者、混乱が混乱を呼んで物凄く、なかには泥まみれになって、穴の中に落ち込んでいく者もありました。

その間、背後の案山子たちの、さらに背後に回り込んだ味方たちは、内側に鎖帷子（くさりかたびら）を編み込んだ西洋傘を開き、斜め四五度の角度で自らの身を守りつつ、時折それらをぐるぐる回転させるのですからたまりません。

弾は撥ね散って、逆に打った警護隊員の方へ、跳ね返っていきます。

実は、これらの傘の盾は、張安が馭者ルートで手に入れた、強くて細い針金を小洛北西の町工場群に持ち込み、歩兵銃の実弾を通さない大きさの鎖に仕立ててもらい、それを西洋傘の内側の、骨組みに編み込んでもらったものでした。

そしてそれらを、荷馬車に積み込んだ資材の中に、相当数紛れ込ませて密かに運び込んだものだったのです。

その傘の盾で身を守らせながら、拡声器を持った声の大きな者が「助かりたい者は、穴の中から、銃の柄の部分を上にして突き出せ！」と叫びます。

早々柄を穴の上に突き出した者がいれば、傘で身を守らせながら、投げ縄の一番うまい者が、その柄に引掛けその歩兵銃をこちら側へと引き寄せます。

次いでその投げ縄を穴の中に入れ、「それを腰に巻いて上がって来い！」と声の大きな者が呼び掛けます。

なかにまかり間違って銃口を上に向ける者でもあれば、傘で身を守らせながら、投げる力の一番強い者が、卵の殻に灰を詰め、卵の殻で蓋をした玉子を、したたか投げつけます。

ましてその銃を暴発させようものなら、投げる力の強い者たちが、今度は卵の殻に砂を詰め、卵の殻で蓋をした玉子を、一斉に投げつけます。

三十一

一方、深夜の内に合鍵でそれぞれの留置所の戸を開き、気付かれぬよう身代わりの毛布を丸め、上から掛布団を掛けた薛琳とその秘書たち、および李候付きの二名の女官は、体力の消耗はなはだしい李文候、およびジャクソン・ブラウン司祭をかばいながら、その秘密の通路を、何とか西洛の北の城壁の外側、すなわち黄河側へと逃れることができました。

それを、いまかいまかと待ち構えていた、凛はじめ仲間の水夫たちは、彼らを数台の筏で、モハメド・ババの待つ、野戦病院へと運び終えたのでした。

モハメド・ババは、モハメド・ババで、彼らを天幕の中の、彼らのために、特別にしつらえた一角へと案内しました。

それから李文候、およびジャクソン・ブラウン司祭はじめ一行の介抱が一段落したころ、城壁南の戦闘が開始されたのでした。

そしてそのうち　わたる　たちが率いる味方の農夫たちが、傷ついた警護隊員たちを数人ずつ馬車に乗せ、この野戦病院まで運び始めました。

彼らの外傷は、さほどでもなかったのですが、ただ泥などでひどく汚れていました。

そこでモハメド・ババは、先ず煮沸し活性炭等で濾過した水でその患部をよく洗い、次いで例の濃度の高いアルコールをその吸水性の高い繊維に浸して、先ず治療する人の手指をよく消毒してから、その治療する人の消毒した手で、彼らの患部にそのアルコールを絞り垂らすようにして消毒させ、外傷は覆うことをせず、開放したままにさせたのでした。

さらに外傷の深い者には、板藍根（バンランコン）と言う生薬を内服させました。

この板藍根とは、そもそも油菜（アブラナ）科の大青（タイセイ）、あるいは細葉大青（ホソバタイセイ）と呼ばれる植物であって、昔からその葉は藍染めの染料とし、その根は黄疸（おうだん）の生薬として用いられて来ましたが、その根の方を指します。

モハメド・ババが、彼らにこれを内服させたのには、彼なりの事由のあることでした。

それは彼が、早くからこの板藍根に、単に肝炎のみならず、広く細菌などによる感染症全般に対する、身体が本来持つ抵抗力の増強を促す作用のあることを、見出していたからでした。

そのため彼のみならず、彼を手伝い患者の介護にあたっている人々にも、この植物の染料で染められた、藍染めの衣服を着用させていたほどでした。

それは、その染料が雑菌の繁殖を抑え、害虫などから身を守ってくれる働きのあることを、彼なりに確信していたからでした。

何故そこまで感染症を警戒するのか、お祖父ちゃんは、この紛争が一段落したころ、ババ先生に尋ねたことがあった。

するとババ先生は、中東における自分自身の、ある体験を話してくれたのだよ。

丁度お前と同じぐらいの年の、男の子だったそうだ。

生傷の絶えない子で、河で泳いで遊んでいて、ある日身体がピィ～ンと突っ張ってしまったので、みてくれと言われ、行ってみたそうだ。

一歩近づいただけで、身体がそのまま跳ね上がり、振動が全身の痙攣を誘発したそうだ。

破傷風に間違いなかった。

そこで毎日、アルコール系の催眠剤を与え、筋緊張の緩和を図り、ある程度の睡眠を確保させた結果、辛うじて一命を取り留めることができたそうだ。

ただそれは、その子が本来持っていた生命力、もっと言えば自然治癒能力によるものに、他ならなかったということだった。

尤もお祖父ちゃんに言わせれば、すべての治癒は、この自然治癒能力によるものだと考えられるのだが……。

いずれにせよ、ババ先生は、そうした経験から、このときも足裏に怪我をした二名については、鍼灸用の小型のメスで、そこを十文字に切開し、洗浄・消毒し空気に曝すようにしたそうだ。

「破傷風の治療は、今でもそんなに難しいの？」

「ドイツにお祖父ちゃんの国から留学した北里博士は、留学先の研究所で、破傷風菌の純粋培養に成功し、同じ研究所のベーリングとともに、血清療法を考案しているよ。この血清療法と言うのは、ウマの血管に破傷風菌を注射し、そのウマの血液中に破傷風菌の出す毒素に対する抗毒素を産生させ、その抗毒素を含むウマの血清を今度は破傷風にかかった人に注射し、その毒素を中和しようとするものなのだが、実に画期的な素晴らしい方法だ。ただこれにも、一つの問題がある。それというのは、ウマの血清を注射するのだから、患者の血液中にも次第にそのウマの血清に対する抗体ができてしまい、これがウマの血清と結びついて身体の様々な部分にたまり、それによって身体のその付近が、傷つけられてしまう。仮にそれが、皮膚で起これば蕁麻疹（じんましん）となり、関節で起これば関節炎となり、腎臓の糸球体で起これば糸球体腎炎となる。そして、こうした病気が血清を注射してから数日すると起こり、血清病と呼ばれている。さらに、そうした患者に再び同じ血清を注射すれば、その再び打った注射の抗原と、すでにある多くの抗体とが、前より一層激しく反応し、急激に血圧を下げ、ショックを起こさせ、極めて危険な状態となる。だから、すでに一度、血清療法を受けたことのある人に、決して再び同じ血清注射を打ってはならないのだよ。」

「でも、そんな方法を考え出すなんて、やっぱりドイツの医学は進んでいるね。」

「それは、その通りだ。特に西洋医学、なかでも細菌学の分野では、群を抜いて優れている。だが、お祖父ちゃんは、アメリカの医学にも注目している。彼らは、従来の権威主義に対して、自由な雰囲気と進取の気象に富んでいるからね。その新興アメリカ医学にあって、一人気を吐いている、お祖父ちゃんの国から留学した青年がいて、彼には特に注目している。」

「何という人なの？」

「野口と言う名の青年だ。彼はまだ無名だが、目立たない、それでいて人のためになる、そんな仕事も厭わず（いとわず）、命がけで立ち向かっている。その物事に立ち向かう姿は、まるで若いころのお祖父ちゃんを見るようだ。」

「その人、そんなに凄い（すごい）の？」

「研究熱心なことは、ヒューマン・ダイナモ、人間発動機、細菌学に対する執念は、ハンター・オブ・バクテリア、細菌の狩人と呼ばれているほどだ。」

「お祖父ちゃんは、彼がそのうち有名になると思っている？」

「さあ、それは、お祖父ちゃんにも分からないのだよ。ただ彼の〝Honesty is best policy.（正直は最良の策）〟の信条が、何よりも雄弁に語ってくれていることがある。神仏は、そのようにいつも一心に生きる人、健気に（けなげに）生きる人を見ていて下さるのだよ。そして時折、絶大の拍手を送って下さることもある。さあ、この辺でまた話しを元に戻そう。」

ババババババ・バババババババ

ズッドーン・ズッドーン
バババババ・バババババ
ズッドーン・ズッドーン
そのころ南の城壁で、凄まじい連続音と地響きが聞こえ始めた。

三十二

いよいよ南の城壁では、左右一名ずつの警護隊員が、散弾銃を打ち始めた。

そこで　わたる　は、先ず南の城壁手前を、西に延び西安に続く大道の、東西二個所を通行止めにした。

それは、散弾銃の流れ弾が、塹壕の案山子までは届かないまでも、大道を通る通行人を、誤射する危険があったからである。

ただ大道は、西安からさらにあのシルクロードへと続く道である。

この通行止めも、あまり長く続けば、往来を妨害するばかりか、やがてこの紛争自体を、清国政府が知ることになってしまう。

そこで　わたる　は、次にあの修理を終えた大砲に、表面を黒々と墨で塗った砲弾を詰め、散弾銃を打ち始めた左右一名ずつの警護隊員に向け、交互に放たせました。

ババババババ・ババババババ

ズッドーン・ズッドーン

砲弾は、どうしたわけか、一旦城壁の向こう側の壁に当たるや、再び跳ね返って警護隊員たちを襲います。

さらにどうしたわけか、跳ね返るたびに、砲弾の表面に黒々と塗ってあるはずの墨がはげ落ち、ところどころ白くなっていきました。

この様子を見た王騫副隊長は、宮殿内で本来李文候がいるべき部屋に、李陽隊長を訪ね、「今こそ留置所の李文とジャクソン・ブラウンを南の城壁に引き出し、彼らの砲撃をやめさせるべき時です。」と進言した。

李陽隊長は、この時までには、既に現場を見ることもなく、部下の言うことを鵜呑みにしてしまう傾向にありましたから、直ちに王騫に許可を与えました。

王騫は、すぐさま地階に下り、監視に留置所を開けさせましたが、もとより李文候もジャクソン・ブラウン司祭もいようはずはありませんでした。

「何を監視していたのだ！」

そのとき折しも東の城壁の付近から、群衆が叫ぶ恐怖の声が聞こえて来ました。

「黄河の水が押寄せて来るぞ〜！」

「黄河の水が押寄せて来るぞ〜！」

「これは、いかん！　私は、何が起こったか、様子を見てくる。李陽隊長には、必ずここまで来て、直接この様子を見ていただくように、お前からお伝えするのだ！　そしてそのとき、腹心の部下を数名、お伴にお付けになるようにとも、付け加えてくれ。いいな！」

言い放つや王騫は、すぐさま東の門の付近に向かった。

案の定、モハメド・ババと水夫仲間が、予て手配の三本のポンプをフル回転させ、黄河の水を門の内側へ放水しまくっていたのです。

しかも彼らのみならず患者の家族や、そのほかかき集められるだけ集められた人々が、門の外で一斉に大きな声を張り上げ、「黄河の水が押寄せて来るぞ～！」と何度も叫ぶのですから、門の内でもそれを聞いた人々が、群集心理による同調効果によって、同じ言葉を繰り返してしまっていたのも無理からぬことでした。

それが、宮殿の地階まで、丁度遠吠えのように、聞こえてきたのです。

「いかん、これは海嘯（かいしょう）かも知れない。東の門を開けて、水の圧力を抜くのだ。」

有史以来、黄河で海嘯が起こった記録などありません。

それどころか、門を開け水圧を下げたからと言って、被害を免れることなどありえません。

ところがこうしたとき、群集の間では、そうした理屈に合わないことが、公然と罷り通って（まかりとおって）しまうことがあるのです。

そうした群集心理を利用することは、必ずしもいいこととは、言い切れないのですが、この場合は、より良いことを行うため、やむを得なかったのかも知れません。

王騫みずから東の門を開け、彼らを導き入れました。

そして再び宮殿地階の留置所まで戻りました。

そのとき、すでに李陽隊長は王騫からの伝言のままに、腹心の部下を数名引き連れ、そこまで来ていました。

「あっ、李隊長！　誠に申し上げにくいことですが、すでに東の門は、モハメド・ババと水夫仲間たちによって、破られてしまいました。李文とジャクソン・ブラウンをここから逃がしたのも、恐らくは、彼らの仲間でしょう。これが、彼らが隠し持っていた、西洛の北の城壁の外側、すなわち黄河側へ逃れる、秘密の通路を描いた地図です。隊長は、この地図に従って部下を連れ、一先ずここからお逃げ下さい。私は、これから南の城壁の様子を、見に参ります。そのあと私自身は、まだここに留まらなければならないことになるかも知れませんが、武装隊員に、追っ付け後を追わせます。ただ今申し上げましたように黄河は、すでに彼ら水夫仲間によって抑えられてしまっています。陸路を西へお逃げ下さい。」

それが本当なら、李陽も、今は王騫の進言に従うよりもありませんでした。

李陽と彼に忠誠を誓う数名の部下たちは、王騫の進言通りに、地図に従い秘密の通路を西洛の北の城壁の外側、すなわち黄河側へ逃れ、そこから陸路、西安を目指しました。

一方、王騫が南の城壁の下まで行ってみると、正確に一一名の警護隊員が整列して彼を迎えました。

実は、今日の日のため彼は、自分に従う部下を密かに募っていたのでした。

「城壁の上は、どうなっている？」

「まだ左右に散弾銃を構えた者を中心に、それぞれ三名ずつ計六名が残っています。ただもうほとんど弾は、打ち尽くしたものと思われます。それに城外から絶えず打ち込まれるゴムの砲弾のため、彼らは相当参っています。乗り込むのなら、今を措いて他にはないと思われます。」一番年かさの口に髯を蓄えた警護隊員が進言しました。

「よし、身を伏せながら乗り込むぞ。私に続いてくれ！」

階上に上がってみると、彼らに最早、戦闘能力のないことは明らかでした。

六名が六名とも、疲労困憊の絶頂に達し、西洛側の壁を背に、銃を抱えてへたり込んでいたのです。

「城内は、我々によって、すでに完全に制圧された！　武器をその場に置いて、南の城壁を背に整列せよ！」王騫の一言に、彼らは最早従わざるを得ませんでした。

「李文候およびジャクソン・ブラウン司祭は、お二人ともご無事が確認されている。ここから突撃して負傷した警護隊員たちも、西洛の東の渡し場付近に築かれた、野戦病院に運ばれ、手厚い手当てを受け、全員快方に向かっている。そして彼らは皆、説得に応じ全員再び李文候への、忠誠を誓ったそうだ。李陽は、すでに数名の部下を連れて秘密の通路を北の城壁へ逃れ、そこから陸路、西に向かった。この上まだ、李陽に従いたい者はいるか？　いたら咎め立て（とがめだて）はしない、正直に手を挙げよ！」王騫の問い掛けに、最後まで散弾銃を打ち放っていた二名が、恐る恐る震える手を挙げました。

「我々は、李陽閣下には、恩義がありますので……。」その内の一名が、王騫を見ながら、言いにくそうに言い添えた。

「分かった。もうそれ以上は言うな！　他の者は、李文候へ再度忠誠を誓う、と思っていいのだな。」

「はい！」今度は残る四名、全員声を揃えて答えました。

「謝（シェイ）！　これが、北の城壁を抜ける、秘密の通路の地図だ。ただ、すでに東門は開放され、歓喜に湧いた群衆が、宮殿の方に向かっている。部下を数名連れ、この二名を、そこまで送ってやってくれ。そこで、弾を抜いて銃腔に施条（しじょう）のある銃を、一挺ずつ渡してやってくれ。」

銃腔に施条（しじょう）のある銃とは、散弾を発射するように作られていない銃のことであり、しかもこの場合それを、弾を抜いて渡してやってくれと言うのではあったが、それでもなお……。

「いいのですか？」一番年かさの口に髯を蓄えた警護隊員、すなわち謝が少し訝った（いぶかった）。

「別れ際、李陽に約束したのだ。『武装隊員に、追っ付、後を追わせます。』とな……。私も武人だ。約束は守りたい。」

王騫には、最早彼らに捲土重来（けんどちょうらい）を期す能力のないことが、見て取れていたのである。

それどころか彼らが目指す西安は、立派に安寧秩序の保たれている大都市であり、武器の不法所持など、見逃されるはずもなかったのである。

階下に下りた王騫は、自ら南門を開け　わたる　たちに、制圧の準備の整ったことを知らせる白い旗を振った。

三十三

それから一週間が経過した。

李文候もジャクソン・ブラウン司祭も、健康状態は日に日に回復し、あと数日もすれば西洛の宮殿まで、都大路を馬車でパレードできるまでになっていた。

この間　わたる　は、何度も李文候に呼び出され、野戦病院の特別エリアで語らった。

李文候は、ジャクソン・ブラウン司祭を交えて、話を聞くこともあれば、わたる　が張安を伴って話すこともあった。

そのうちモハメド・ババが加わることもあれば、西洛から勤務中の王騫が呼び出され話に加わることもあった。

実を言えば、わたる　も張安も王騫も、物理的な意味での紛争の後始末に追われ、結構忙しかったのであるが、話の内容が単にその報告と言うにとどまらず、今後の西洛の都市経営に関わることでもあったので、皆可成りな多忙を押して加わったのであった。

それに　わたる　には、今後のことがあって、願わくは李文候のお力をお借りできればとの思いもあったのである。

話を一週間前に戻そう、あのとき　わたる　は、張安と相談し、鎖帷子を縫い込んだ傘で周囲を守らせながら、制圧の象徴としての大砲を左右から二人で押し、背後に分捕った歩兵銃を持たせた数十人の農夫を従え、都大路を宮殿まで威風堂々行進し、宮殿前で左右それぞれ八人ずつの、警護隊員を整列させて待っていた王騫とともに、西洛の人々に制圧を宣言したのだった。

幸い物陰に潜んだ李陽の残党による襲撃などもなく、無事宣言できたのではあったが、思えばあれがあの時　わたる　たちにできる精一杯であった。

ただあの時点では、李陽の影響を色濃く受けてしまっていた警護隊とは違い、市民の半数をはるかに超える人々は、李文侯の治世を願っていたため、西洛制圧後は急激に李文侯支持の勢いが加速してゆき、それに伴って再び警護隊員の李侯への忠誠心も高まっていった。

今日は、そうしたここ数日が経過した後での、勝利のパレードの当日であったのである。

最初の馬車の前列には、すっかり快癒した李文侯とジャクソン・ブラウン司祭が、後列には、李侯付きの二名の女官が、次の馬車の前列には、すでに野戦病院を畳んだモハメド・ババと王騫の妻、図書司書の薛琳が、後列には、その二名の秘書たちが、そして最後の馬車の前列には、海わたる　と張安が、後列には、王騫の姉、王鳴と　わたる　のたっての希望により水夫頭の凛が乗っていた。

つまり今回のこのパレードは、侯と司祭の救出劇に大いに関わった身分・男女を問わぬ立て役者たちの、一世一代のフィナーレでもあったわけだ。

このなかに王騫がいないのは彼自身、李陽のクーデターを抑えきれず、その後も救出に向け水面下での奮闘を惜しまなかったものの、結局実際の救出が遅れ、お二人の健康を害してしまったことなどへの責任を感じ、辞退したためであった。

ただその分、彼は今回も警護隊員をフル活用し、西洛の警備に万全を期した。

実際今回、紛争の間、完全に李陽派と思われた人々を、わざと逃がしてやったのも、その後のことを考えてのことであった。

「無血開城万歳！」

「王政復古万歳！」

都大路の沿道を埋め尽くした人々が上げる歓呼の声に応えながら、馬車を下りた彼らは、宮殿前で待っていた王騫に挨拶を交わし、宮殿内の李候が指定した会議室へと入っていった。

ただ　わたる　だけは、その場にしばし立ち止まって、皆を遣り過ごしたあとで、王騫にこれが最後になるかもしれない旨を告げ、何かとお世話になったことを深く謝した。

会議室内では、彼ら以外にも主だった人々が、すでに立ったまま、ことの始まるのを今や遅しと待っていたが、彼らはその人たちより、さらにその前方に行くよう指示された。

それは、李文候の新しい体制についての発表を聞くためであった。

その発表を、宮殿前に控えている王騫が、今度は逐一集まった人々に繰り返し告げるのである。

いよいよ発表が始まった。

会議室内でも、それを側近が大きな声で繰り返すのである。

その中で、特に　わたる　たちに関係する大きな事柄には、三つあった。

その第一は、西洛あるいはその周辺の西洛の領地内に、モハメド・ババを院長とするユナニ医学の病院を建設し、そこに西安の清真寺のようなイスラーム教の礼拝堂すなわちモスクを付属することであった。

その目的は、すでにある幾つかの儒教・仏教・道教寺院およびジャクソン・ブラウンのキリスト教会などとともに、人々が自らの信教に合った祈りの場を選ぶことができるようにし、何人もお互いにそうした魂の行いを馬鹿にすることのないようにするためであった。

その第二は、小西洛における大学の教授のみならず、大学に学んだ卒業生の中からも、能力のある優秀な者があれば、その新しくできるユナニ医学の病院において、ユナニ医師として採用する場合があるということであった。

その目的は、教育の場とその実践の場、この場合医療の場との一貫化、一体化にあった。

その第三は、西洛の警護隊の隊長を王騫とし、副隊長を謝民（シェイ・ミン）とすることであった。

その目的は、再び先のクーデターのようなことが、起こらないようにするためであった。

実はこの第三について、わたる　は一時、副隊長に張安を推したのだが、本人が「私は、小西洛や〝ライチーの道〟にあって能力を発揮できる人間です。」と固辞したため、それもそうかと思い、それ以上は推さなかった経緯があった。

最後に李候は、そんな　わたる　と張安を手招きした。

「あれを渡してやってくれ！」李候は、側近の者にそう促した。

「これを……。」

側近の一人から渡された書類を見て、わたる　は、感激した。

それは、何と李文候の威光を知る者なら、遠くインドまでも通用する、李候お墨付きの身分証明であった。

しかも、そこには〝この者が同行するシェヘラザードなる者は、家族同等の者であり、同様の待遇を切望するものである。〟という意味のことまで書かれていた。

そして李候は、張安に「おぬしも、幾度かインドまで行ったことがあろう?」と当たりを付けるかのように尋ねてみた。

「はい、インドまでは、まだ一度だけですが、ブータンまでなら幾度かあります。」

それを聞いた　わたる　は、「なぁ～ンだ。張さん！　そんなこと一言も言わなかったじゃないですか！」と少し不満気に漏らした。

「いや、それは機密事項ですから、いくら　海　先生でも……。李候だからお答えしたのです。」

今度は李候が仲を取り持つように「まあいい、それならブータンまで二人を送ってやってくれ、その先はシェルパを雇えるよう、少しだが旅費も出るようにしておいたから、後で出納（すいとう）へ寄るといい。」と間に入った。

正に何から何まで、至れり尽くせりである。

李候に心から感謝しつつ、宮殿を後にした際、宮殿の前にすでに王騫の姿はなかった。

わたる　は、宮殿に入るとき、本のわずかの間だったが、別れの挨拶をしておいてよかったと思った。

南の城壁からの帰り際　わたる　は、張安に「孫梅然は、西洛に呼べばいいと思って、副隊長に推したのだ。返って悪かったかな？」と尋ねると、「いや、そうじゃないのです。海　先生の推薦は本当に嬉しかったです。あれで李候の覚えも益々目出度くなったでしょうし、有難いことだと思っています。ただ私には、あの小洛やこの〝ライチーの道〟の周辺で、やらねばならないことがあるのです。今度だって、馭者仲間にずいぶん助けられたじゃありませんか。」と彼なりに控え目に返した。

来た時と同じように張安が手綱を握る荷馬車に、役目を終えた大砲や傘などを積み込み、覆いをかぶせ　わたる　自身も乗り込み、南の城壁から段々畑への道を少し行くと、そこはもう綺麗に整地されていて、どこに塹壕があったものやら、落とし穴があったものやら分からなくなっていた。

さらに向こうから段々畑の農夫仲間が来てくれていたかと思ったら、今度はその向こうから次の宿駅の農夫たちまで来てくれていました。

わたる　が、凛さんをパレードの馬車に乗せるよう願ったのは、彼が明らかに水夫仲間を率いる、水夫頭だったからなのですが、農夫仲間の頭は誰かとなると、はっきりしないのです。しいていえば張安が馭者時代のよしみで、皆を率いていたようなものだったのです。たが今回の紛争では、彼らがいなければ勝利も何もなかったのです。

わたる　は、荷の中からその役目を終えた傘を二本取り出し、それらを開いてそれぞれ表面の防水布に　海わたる　と縦に署名し、そして張安にも、その横に同じように署名するよう促し、それらを段々畑のグループ、そして次の宿駅のグループに渡し、傘の円に沿って自分たちの名を次々に署名するよう促しました。

「これなら、誰が最初か最後かわからない。みんな一緒だ。」言いながら　わたる　は、それぞれの傘の中心に沿って、〃生命尊重〃と丸く大きく書き込みました。

実際今回の紛争では、怪我人こそ出してしまったものの、死者は一人も出なかったのです。

その時、段々畑のグループの一人が、「これで我々農家の二男三男にも、孫子の代まで誇れるものができた。」と覚えず呟いた（つぶやいた）。

また次の宿駅のグループの一人が、「嘘のような話だが、本当にあったことだ。これが何よりの証拠だ。」とさらに言い添えた。

そこで、わたる　も正直に、「私はこれから小西洛へ帰ったら、さらに西に向かって旅立たねばなりません。皆さんとは、もう二度と会うことはないでしょう。お願いがあります。同じようにもう一本ずつ、署名してはいただけませんか？！　記念に持ち帰りたいのです。」と思い切って願ってみた。

二つのグループは、わたる　と張安の署名の後、快く同じ作業を繰り返し、それぞれ同じものができた。

わたる　は、再びそれぞれの傘の中心に沿って、〃生命尊重〃と丸く大きく書き込んだ。

書きながら　わたる　は、何か誇らしい気持ちになった。

三十四

「ただいま無事、帰りました。」

「ご無事で……。」

それが、シェヘラザードとの再会の瞬間であった。

「戦は命を懸けるもの、冒険は生きて帰るもの。」そう言って、シェヘラザードを残し小洛を後にしたわたるにとって、この瞬間をどれほど心待ちにしていたことか、だがこの瞬間を心待ちにしていたのは、本当にシェヘラザードとわたるたちだけだったであろうか、梅然と張安もまたしかり、いやこの話の背後には何十組、何百組のシェヘラザードとわたる、梅然と張安がいたはずである。

帰りの道すがら、「私は南の城壁で更に数を増した警護隊員が、今度は実弾を空に向け放ち出したとき、あれらの実弾が警護隊員自身はじめ、他の人々を襲うのではないかと、内心ハラハラしていたよ。」「それは私もそうでした。落し穴から間違って銃口を上に向け、銃を暴発させた者は、もうだめかと思いました。」そんなわたると張安の語らいもその内、「死亡者が一人も出なくて、本当によかった！」「本当にそうですね。」二人は、これを最後には気の抜けたラムネのように、小洛に着くまで何度も繰り返した。

行きの緊迫感に対し帰りの安堵感は、比べようもなかったのである。

分室の窓から、こちらに向かう、早掛けの馬の手綱を握る、張安を見付け、「あっ！　室長さん、

海　先生たちが返って来られました。」といち早く馬室長に知らせ、「海　先生が返って来られたと、付属医院のシェヘラザード先生に伝えて下さい！」と後輩の女性職員に伝言を依頼した梅然の、その時の気持ちはいかばかりであったろう、彼女はそうした気持ちを抑え、周りの人々のことを真っ先に気遣ったのである。

「海　先生、お疲れさまでございました。ご無事のお帰り何よりです。張君も、ご苦労様でした。本当に無事でよかった。二人ともこちらで、少し休んで下さい。勝利の土産話を、一杯聞かせて下さい。皆も楽しみにしています。」「馬室長の応接室への誘いにも、「有難うございます。ただ我々はこれから、あの大砲を馬車の荷台から降ろし、また以前と同じ場所に、この分室の入り口左側に、飾らねばなりません。」と二人は、日常へのなるべく早い回帰を願った。

つまりこの物語の誰一人欠けたとしても、以前と何一つ変わらぬ、日常への回帰など思うべくもなかったのである。

それに対し、〝平行世界〟ということがある。

Aが欠けた世界、AとBが欠けた世界、そして戦争で大勢の人々が欠けた世界という風に、様々な世界が実は平行に存在する、という考え方であるが、くどいようだが今回の紛争では、誰一人欠けることはなかったのである。

そこでここからは、話の進め方として、人と人との語らいを中心に、丁度それらを団子の串刺しのように、人と人とのつながりで綴っていこうと思います。

それは、折角生き残った人々を、誰一人欠かすことなく、本当に大切なものとは、いったい何なのかを知ってもらうためです。

　実際玩具のように思われるものの方が、本物のように思われるものよりも、生命尊重という本当に大切なことにとっては、より有効に作用したのです。

　それが何故なのかは、これから　わたる　が、シェヘラザードとの約束を守り、彼女のいたチベットの医学校、そして故国ラマダの首都オアシスに彼女を送り届ける道程において次第に分かってくることなのです。

師や先輩との再会

三十五

　一〇日の準備の後、わたる　とシェヘラザードは、張安が握る手綱の馬車で、いよいよブータンにY村を目差した。
　準備の期間が充分取れたことで、二人は、お世話になった人々にそれぞれお礼とともに、別れを告げることができた。
　シェヘラザードも　わたる　も室長の許可を得て、孫梅然にも同行を促してはみたものの、彼女は彼女で性格として大学の仕事を優先し固辞した。
　わたる　には、はじめての山間の道のりも、張安には、慣れたもので巧みな手綱さばきで先を急いだ。

何時か小洛を目差した道のりを懐かしみながら、左右の景色に見入っていたシェヘラザードも、その巧みな手綱さばきに、一月足らずでY村を眼前にしたときには、思わず知らず「あっ、真っ赤！」と叫んだ。

小高い深緑の丘から望む谷合の村は、全村真っ赤であった。

それは、正にチベット仏教すなわちラマ教のシンボルカラーであった。

「ユンテングンポ教授よ。ユンテングンポ教授が管長になられたのよ。きっと、そうよ。」

シェヘラザードの説明は、彼女の想像も交えこうであった。

そもそもこの村は、全村ほとんどが修行僧の住む村であり、小さなその盆地を埋め尽くす大小さまざまな建物は、ほとんどが木造であるが、その村の名のようにYの字に区画された、それぞれの区域を分けるYの字の大道の中央付近には、大きな石造りの建物が密集していて、その中の一つが彼女の学んだチベット医学の学舎だというのである。

そして今この村の建物という建物は、木造と言わず石造りと言わず、すべてが真紅に彩られていて、わずかにそうした中央、石造りの建物の屋根瓦だけが、黄金色に輝いているだけであった。

そしてその目にも鮮やかな色彩の仏法こそは、長年ユンテングンポ教授が思い描いておられたものだというのである。

ただ彼女が知る管長は、ユンテングンポ師のそうした主張には、懐疑的であって、「それは、あなたがここの管長になられたとき、おやりになればいいことです。」と頑な（かたくな）であったというのである。

張安は小高い深緑の丘から、その谷合の村へＹの字の上の左の大道から、その中央の広場目掛けて一気に駆け下りるや、そこで別れを告げた。

二人は、折角ここまで来たのだからユンテングンポ教授やグンテチェンにも会っていくよう勧めたが、張安は会えばまた未練が残ると固辞した。

「張安！　本当に有難う。馬室長、孫梅然にもよろしく！」「私からもくれぐれもよろしく伝えてくださいね！　本当にありがとう。」わたる　とシェヘラザードは、おのおの張安にそれだけ告げると、その後何があったのか確かめるためにも、徒で中央の一際大きな石造りで、黄金色の瓦屋根の建物を目差した。

正面の石段を上がり中央の入り口から中に入ると、左側の部屋の大きな窓から、それと見た若いラマ僧が、早速玄関の板張りまで出てきてくれたので、シェヘラザードは事情を説明し、医学校に在籍していた留学生であり、ユンテングンポ教授を訪ねてきたことなどを話したところ、二人は玄関奥の応接室へと案内された。

しばらくそこで待っていると、懐かしいグンテチェンが階上からラマ僧姿で下りてきて、その応接に顔を出した。

「あっ！　グンテチェン先輩、お久しぶりです。」

「やぁ！　わたる、シェラ、よく来たね。」

挨拶もそこそこ、彼は二人を今下りてきた階上にある、ユンテングンポ教授のいる管長室まで、上がりながら案内した。

つまり現在ユンテングンポ教授が管長であり、グンテチェンがその秘書であった。

ユンテングンポ管長は、懐かしくも愛しい、かつての教え子二人を温かく迎えた。

「先の管長は自らの死期を悟り、私を呼ばれたのだ。彼岸に旅立たれる前に、『次の管長をあなたに託したい。ついては、Y村をラマ教の象徴色である真紅にされることも、あなたご自身のお考えに従って下さい。』と言い残された。私は、教授としての招聘を受け、思えば丁度あのあと小西洛の大学へ向かったため、先の管長は、そのことをずっと気にしておられたということだった。」

新管長の説明に何があったのか、およその理解をした二人は、管長机の前のテーブルでユンテングンポ管長およびグンテチェンとともに、軽い食事をとった後で、かつての師と三人の弟子に戻り、尤もその三人の弟子の内二人は、研究生時代散々遣り合っていたため、もっぱら　わたるが中心となり、あるいは　槍玉に挙げられ、医学談議に花が咲いた。

「海　君！　君は、西洋医学についても、研究していた時期があったようだが……。何か疑問に思っていることはないのかね。あれば聞こう、何でも言ってみたまえ！」

「はい、それではお言葉に甘えて、お聞きしますが、西洋医学ではよく『民族伝承医学には、証がない。』と言いますが……。」

「なるほど、それでは、逆に君に聞くが、君は、麻酔についても一時期興味を持っていたようだが、西洋医学で用いる〝笑気ガス〟については、証はあるのかね？」

「いや、ないと思います。」

「それならば、同じことではないのかね。ただそれは、証明の方法の違いによるものだと、私は思うのだがね。逆に言えば、〝笑気ガス〟は、民族伝承医学の証明方法によれば、もうすでに証はあるということになる。酸素との割合さえ間違えなければ、何の問題もないのだからね。つまりそれは、西洋医学の証明方法においては、証がないというに過ぎないということだ。西洋医学からの疑問、もう外にはないのかね?」

「はい、今のところ、特に思い当たりませんが……。」

「それでは、こちらから聞こう。海　君! 西洋医学で用いられているグリチルリチンは、漢方の甘草から取ったものだが、そうしたことに対し、西洋医学は、今までに一度でも、漢方に還元したことはあったかね?」

「西洋医学で用いられているグリチルリチンは、確かに漢方の甘草の有効成分の一つとして抗炎症作用、肝臓障害抑制作用などを示し、慢性肝炎などに対しても、肝機能改善などの効能が認められています。一方、漢方の甘草には顕著な胃液分泌、消化器潰瘍の治癒促進、鎮咳去痰などの作用があります。この場合、抽出したのは彼らですし、今となっては、やはりそうした用い方の違いの問題ではないでしょうか?」

「それは勿論そうだが、私が言っているのは、そういうことではなしに、例えば漢方には、〝一物全体主義〟という考え方がある。これを無視して、唯自分たちに必要なものだけを抽出しようとするあまり、増量・長期連用・利尿剤との併用などにより、副作用を生じることにもなる。なぜ民族伝承医学と相談をしないのか、ということを言っているのだ。」

「ユンテングンポ先生、ひとつお聞きしてよろしいでしょうか?」

「何でも、聞き給え!」

「逆に民族伝承医学が、西洋医学を取り入れているような場合は、全くないのでしょうか?」

「インドのアーユルヴェーダの病院では、アーユルヴェーダの医師が、西洋医学の聴診器を用いた聴診を採用している。西洋医学では、診察・診断を重視するから、これに合わせたものだろう。ただ断っておくがインドでは、アーユルヴェーダの病院が80%、西洋医学の病院が20%、あくまでアーユルヴェーダの病院が主流だ。」

「それでは今度は、西洋医学が民族伝承医学の遣り方を、学ぼうとしたことはないのでしょうか?」

「全くないわけではない。例えば痔核・痔瘻などに対する、アーユルヴェーダとしてクシャラスートラがあるが、これを取り入れようとしている。尤もそれも、一部の西洋医の間での話だが……。」

「そのクシャラスートラとは、具体的にどのようなものなのでしょうか?」

「ハリドラー・スヌヒー・アパーマールガの混合液を浸した糸で、痔核の場合なら根元を縛る。すると根元の肉が腐って自然に痔核が落ちる。痔瘻の場合なら瘻管に糸を通す。抜いてはまた通す。これを繰り返していると、穴の肉が腐り新しい肉芽が出来、穴がきれいに塞がる。」

「ハリドラーは、ターメリックすなわち鬱金(うこん)のことで、漢方では健胃剤としても用いますが、この場合は止血・殺菌・消炎剤としての用法でしょうか? あとの二つは、全くわかりません。」

「よく分かったね。スヌヒーは、灯台草（とうだいぐさ）科キリンカクすなわち仙人掌（サボ‐てん）によく似た薬草で、この場合はその樹液を用いる。アパーマールガは、君の国では莧（ひゆ）属の牛膝（いのこずち）と同じ牛膝科の薬草だ。ただこの場合は、それを燃やし精製した灰として用いる。」

「精製した灰である以上、塩基性すなわちアルカリ性と思われますから、それでは、そのアルカリ性の薬液が患部を腐らせ、新しいに肉芽を形成させるのでしょうか？」

「御名答！　さすが海　君、よく気が付いたね。」

「ところで先生！　痔核・痔瘻などに用いられるということは、他にも用いられることがあるということでしょうか？」

「インドでは、疣（いぼ）・潰瘍など軟部組織の異常な増殖に対して、広く応用されている。」

「やはり、そうでしたか。いや先生が先程言われた莧は、もともとはインドが原産と聞いていましたし、イノコズチの近縁種のヒナタイノコズチの根を乾燥させたものは、漢方では牛膝（ごしつ）と呼び、利水・強精・通経薬として用いますが、俗間では堕胎薬にしたとも聞きますので、ひょっとしたらと思ったのです。」

「君は、漢方の薏苡仁（よくいにん）のようなもののことを考えているのだね。鳩麦の種子である薏苡仁は、利尿・健胃・緩下・鎮痛・鎮痙・消炎などに用いるが、同時にある種の疣（いぼ）にも有効だ。そしてもっと言えば、確かに潰瘍など軟部組織の異常な増殖に対し効能がある。ただそれだけに妊娠中の投与は禁忌だ。流産の恐れがあるからね。恐らくは、胎児を異物とみなしてしまうことによるのだろう。」

「チベット医学は、中国の漢方、インドのアーユルヴェーダ両系統の影響を受けています。先生は、その辺の潰瘍など軟部組織の異常な増殖に対する研究については、どのようにお考えなのでしょうか？」

「先の管長を鳥葬した折、ラマ僧たちは読経とともにご遺体を解体したが、我々は身体の構造を熟知し、鳥が食べ残さないよう巧みに処理した。それは、死者の肉体と霊魂は鳥に食べられることで、天に運ばれると信じているからだ。私はそのとき、ご遺体の一部すなわち癌腫の部分だけを取り除き、濃度の高いアルコールに浸して持ち帰り、予め大きな檻に放し飼いしておいた野鳥に、それを少しずつ切り分け餌とともに与えた。すべてを与え終えたころから、目の色が黄色くなり下痢が続き弱ってきたので、今度は二種類の丸薬を餌とともに与え続けたら、再び元気になり餌もよく食べ水もよく飲むようになったので、大空高く返してやった。」

「公表は、されないのですか？」

「還元されないことを、疑われながら発表だけして、後であかんべぇ～をされると分かっていながら、結果だけを持っていかれよというのかね？」

「それは、そうですね。それでも私のユナニ医学の師であるモハメド・ババ先生は、チベット医学には癌を治す薬がまだまだ二つ三つはある、と言っておられましたが本当だったのですね。」

「いや、差し詰めその野鳥を麻酔下に開腹し、良性と悪性、異常と正常を確認すべきだろうが、そこまでの殺生は、わが宗門に馴染まない。まだまだ研究中の薬剤ばかりでの話に過ぎない。」

「ところで先生、先ほどからお話をお聞きしていて気付いたのですが、先生のお話のポイントになっている、吸水性の高い線維、樹液、濃度の高いアルコールなどは、すべて小西洛の大学の立ち入り禁止区域にある研究機関で研究・開発されているものばかりのように思うのですが……。」

「さすが、海　君！　よく気が付いたね。あそこでの研究・開発については、私も求められるままに、幾つかのアドバイスをしている。ところで君は、その小洛からここまで、シェヘラザードとともに馬車できたのかね？」

「はい、その通りです。」

「馭者は、張君だったかね？」

「はい、そうです。彼には、折角ここまで来たのだから、先生やグンテチェン先輩にも会っていくよう勧めたのですが、会えばまた未練が残るなどというものですから……。」

「それはそうだろうが、彼には、それらの研究・開発では、陰に陽にいろいろと助けられた。海　君！　彼は、君にそのことが知れると、言いづらいこと、言ってはいけないことまで、聞き出されることを恐れたのかも知れないよ。」

「先生！　そんな……。」

「まあ、この辺で、海　君！　医学問答もお開きとして……」

ここで、シェヘラザードそして彼女につられるように、グンテチェンも拍手を送った。

二人の拍手は、ユンテングンポ管長の巧みな応答のみならず、わたる　の必死の質疑に対しても、向けられたもののようであった。

「シェヘラザードは、知っているだろうが、海　君は、初めてだろうから、医学校を見て回って、ついでに美術学校の方も見学してもらおう。シェラも曼荼羅部門は知っているだろうが、仏像部門は知らないだろう。」

「わぁ！　仏像部門ができたのですか？！」

「いや、実は二人に紹介したい人がいるのだ。グンテチェン君！　君も一緒に来たまえ。あの人の話は、何度聞いてもためになる。」

三十六

一通り見学を終えた一行は、最後に美術学校、仏像部門において、実技室の隣の準備室に案内された。

打ち合わせ用の長方形の小振りのテーブルを囲んで、奥にユンテングンポ管長とグンテチェンが掛けると、中央の黒板側の席に、先程まで実技指導をしていた部門長が掛けたので、必然的に手前の席に　わたる　とシェヘラザードが掛けることになった。

しばらくして、さっきまで隣で仏像の彫塑を見学していた若いラマ僧が二人、銘々に茶を運んで来てくれた。

「さて、紹介しよう。こちらが、新たに仏像部門の部門長になられた、高田陸善師だ。」

管長の言葉に、わたる は、思わず「あっ！」と小声を漏らした。

「そうだ。高田師は、海 君、君の国の方だ。ただし今日は、清国の言葉で話される。そうでなければ、我々が分からないからね。いずれにせよ、大切なお話だから、良くお聞きするように！それでは、高田先生お願い致します。」

「ユンテングンポ管長、ご鄭重なるご紹介痛み入ります。ただし私の話は、あまり堅苦しいものではありませんので、話の途中でもお聞きになりたいことがあれば、何なりと遠慮なくお尋ね下さい。」そう前置きすると、いよいよ高田師のとても為になるが、とても長い話は始まった。

「さて私がカンボジアのアンコール・ワットを目差したのは、一八六〇年、フランス人博物学者ムオーが、それまで密林に埋没していた、あの遺跡を再発見したとの報に触れたときからでした。それまでも一六～一七世紀には、私の国からの旅人が、『祇園精舎』すなわち古代インドにおいて釈尊およびその弟子たちのために建てられた僧院と思い込み参拝したり、徳川施政下においても三代将軍家光が、島野兼了を派遣し見取り図を作らせたりしていました。尤も『祇園精舎』なら七世紀に玄奘三蔵（げんじょうさんぞう）が訪れたときには、すでに荒廃していたはずなのですが……。ただ創建当初はヴィシュヌ神に神格化された王、スールヤヴァルマン二世を祭り、王の死後にはその墓所としてヒンドゥー寺院ともなっていましたが、のちに一四世紀ごろからシャム人が侵入すると仏教寺院として用いられ、事実仏像を祀った形跡も見られます。……その後も私は仏教を求めインドシナ半島を北上し、シャムに向かいました。さらに私は、サウン・ガウすなわちビルマの弓型ハープすなわちビルマの竪琴を求めて、さらに北上しビルマに向かいました。つまり私は、美しい仏教芸術を求めていたのです。ところがビルマは、今でもそうであるように当時英国との戦争に明け暮れていました。そんなときです、私が廻ったそれらの国々の仏教すなわち南方仏教が、北方仏教の人々からは、僧が僧院にこもり特権意識を持つようになった小乗仏教であり、そんな中にあってなお広く人々への救済を求め続けているのは、我々の説く大乗仏教だけであるということを聞いたのは……。そこで私は、その大乗仏教を求め、さらに北上しチベット仏教の地ブータンを目差したのです。そしてユンテングンポ師に巡り合うことができたのです。ところが師は、その大乗仏教にもまだ差別があるというのです。そしてそれは、小乗仏教に対する差別だというのです。釈尊が説いた原始仏教では、全ての命は平等であり、誰もが等しく仏になることができるというのです。そしてその尊い教えが書かれているのが、『法華経』だといわれるのです。さらにその『法華経』は、私が南方仏教を学ぶため苦労して覚えたパーリ語で書かれていたのです。私はむさぼるように、その白蓮華のように最も優れた正しい教えを、読破し必死に学びました。読み終え学び終えたとき、師は私に言われました。この尊い教えが成立した地こそ、ガンジス河をさかのぼったガンダーラを含む西北インドの地だと……。そしてなぜその地で、この尊い教えが成立したのか、あなたはその理由が分かるかと……。」

「その前に、南方仏教は、原始仏教から具体的にどのように変わってしまったのですか？　またなぜそのように、変容してしまったのですか？」シェヘラザードが探るように尋ねた。

「原始仏教では、釈尊は、『私は人間である』と言い、弟子たちも気軽に釈尊を『ゴータマさん』

と呼んでいました。ところが南方仏教では、『私は人間ではない。仏陀である。』と言ったこととなり、弟子たちに釈尊が『私を長老あるいはゴータマなどと呼ぶ輩（やから）は、激しい苦しみを受けるであろう。』と語ったことになっています。また原始仏教では、出家在家、男女の別なく、誰でも等しく仏陀になることができました。ところが南方仏教では、仏陀に到ることができるのは、釈尊一人だけということにされ、女性に至っては穢れて（けがれて）いて成仏などとてもできないとまで言い出しました。」

「まぁ！！　何故ですか？」

「これは、どんな世界どんな分野でも言えることだと思うのですが、特権意識を持ち出すと、権威主義的になり、ついには差別思想に至るようです。」

「要するに、上から目線がすべての始まりということですね。」

「そういうことです。ただ南方仏教にもガンジス河流域に広がる仏教の四大霊場、すなわち釈尊誕生の地ルンビニ、悟りを得た地ブッダガヤー、初めて教えを説いた地サールナートそして入滅の地クシナーラーを巡る習慣がありましたから、ユンテングンポ師のご提案を受け入れ私は、ガンジス河をさかのぼりガンダーラを含む西北インドの地に、なぜその地で、この尊い『法華経』の教えが成立したのか、その理由を探る旅に出ることにしたのです。そして私は、ついにその昔二〜三世紀において美しい仏教美術が豊かに花開いたインダス河上流、古代インド西北の地、ガンダーラに辿り着いたのです。私は、調べました。その結果一世紀ごろ、中央アジアに起こったゾロアスター教、すなわち拝火教を信奉していたクシャーン帝国のカニシカ王は、戦を好みインドをも攻め滅ぼしたものの、のちに仏教に帰依しました。その戦乱の中にあって人々は、強く平和を求め釈尊への思いを強め、その地に一大ガンダーラ仏教美術の時代を花開かせた。そしてその地で『法華経』が編纂され、北伝の北方仏教すなわち大乗仏教の基となった。そしてヒンドゥー教の中には、釈尊の説く仏教もまた、その一部であると説く者もいるように、ガンジス河を東へと伝播したと……。」

「わたる！　どうした？」ここで、グンテチェンが　わたる　に声を掛けた。

見れば、わたる　は、深刻な面持ちで目を真っ赤にして、両頬を涙で濡らしていたのである。

「私は、あんな戦をして、死者が一人も出なかったなどと自慢をして、なんというつまらない人間……。」

「わたる、お前は疲れているのだ。」向かえの席でいち早く　わたる　の異変に気付いたグンテチェンはさらに続けて、「お前が言う冒険のあと、休む暇なくシェラを送ってここまで来て……。」するとここで　わたる　の向かえ正面の席のユンテングンポ師が徐に口を開いて、「高田部門長、ここでアンコール・ワット以前の話をしてくださらぬか？」と提案した。

「分かりました。海　さん！　私はカンボジアのアンコール・ワットまでは、清国南部から海路向かったのです。その船は、陶磁器貿易のため安南を目指す大型外洋ジャンクでした。途中大変なしけに会い、私は海に投げ出されてしまいました。私は、もうだめかと思いました。その私を、自らの危険も顧みず助けて下さったのが、東明（トン・ミン）と陳仁（チェン・レン）と言う二人の禅僧でした。」

「あっ！　その二人は……」

わたる　が、この大陸に渡るきっかけをつくってくれた、あのZ禅寺の禅僧師弟に紛れもなかった。

「やっぱり、そうでしたか。そうです。あなたのよくご存じの方たちです。私は、彼らの手厚い介護を受け、一命をとりとめました。『禅僧とはいえ、見ず知らずの人間に、何故そこまでできるのですか?』とお聞きしましたら彼らは、口々に『ほんの小さな恩返しです。』と答えておられました。海　さん！　あなたのお蔭だったのですね。そして彼らは、安南に着くと予定にはなかったカンボジアまで、ついでがあるからと私を送って下さったのです。海　先生！　今私がここにあるのは、あなたのお蔭だったのですね。」

「そのようにマニ車のごとく因果は巡る。全ての命は平等であり、高僧の唱える有難い経文も、名もなき庶民のまわすマニ車も、同じ仏への因果の一頁（ページ）にほかならない。」ユンテングンポ師が鮮やかにまとめた。

「海　先生！　本当のことを言うと、私の結論は間違っていたのです。戦乱の中で、釈尊を求める気持ちが強くなったのは事実でしょう。しかしそれだけでは、仏像が作られる動機の一つにはなり得たとしても、なぜその地で、あの白蓮華のように最も優れた正しい教え『法華経』が編纂されたのか、その理由にはなり得ません。その後私は、ユンテングンポ師にそのことを指摘されて、今なら答えられます。だがそれは、人に教えられた結果です。海　先生！　一つご提案申し上げたいのですが、シェヘラザードさんを故国ラマダの首都オアシスまで送り届けられるというのなら、私が辿った道すなわちガンジス河をさかのぼり、ガンダーラを含む西北インドの地に向かわれてはいかがですか？　そして今度こそ、なぜその地で、この尊い『法華経』の教えが成立し得たのか、その理由をご自分の力で探ってみては……。」

「有難うございます。ただもしそうするとしたら、今度はシェラと二人で探ってみようと思います。」

「そしてその前に、シェラと二人少しはここで休んでいけ！」グンテチェンが声を掛けた。

ユンテングンポ管長や高田陸善師がいなくなってからグンテチェンは、わたる　たちに、茶を運んで来てくれた。

わたる　には、特別なお茶を、シェラには、彼女も好きなジャスミン茶を……。

わたる　は、その茶を一口ゴクリと呑み、「甘い！　この茶は刺五加……」

「そうだ！　わたる！　五加皮だ。よく分かったな。ところでユンテングンポ管長は、ああは言っておられたが、西洋医学は、やがて民族伝承医学を駆逐するだろう。ただ私は思うのだが、その時になってもその高度な先端の医療が、この広い世界のどこまでを覆い尽くすことができるかと……。だからこそ、今すぐにも互いを生かす協力体制の構築が肝要だとも……。いずれにせよ、こういう時こそ生薬がいい。さあ、ゆっくりのこりもすべて飲み干してしまえ！」

三十七

「どうだ。十分休めたか？」

「お蔭様で……。」

グンテチェンの問い掛けにも、ある程度の覇気を持って返せるようになっていた　わたる　は、「ここは、どうだった？」との次の問い掛けにも、「先ず、医学校の方で気付いたことは、ここでは薬草を清国のように、刻んで煎じて飲むようなことはしないで、全て粉にして飲ませていて、そのことがユンテングンポ管長の、丸薬につながったものと思われたこと、それにここでは麻酔を古代からの森に広く分布している、タツールの木の根から製薬していることなどを学びました。次に美術学校の方では、曼荼羅部門の曼荼羅の素晴らしいことといったら、本当に感激しました。私がかつていたＺ禅寺の美術部門では、あくまで寄進者の方々に、お配りするための仏画であり、檀家の皆様に説明するための、曼荼羅に過ぎませんでしたが、こちらのものは、正にそれ自体が、一種の美術作品です。最後に仏像部門のことは、まだよく分かりませんが、これからシェラと二人、なぜ古代西北インドの地で、優れた『法華経』の教えが編纂されたのか、その理由を探る中で、かの地のガンダーラ仏教美術にも触れ、よく調べてみようと思っています。」と答えた。

「相変わらず、話し方がまだ堅苦しいが、それでもこの間よりは、幾らかましのようだ。それはそうと、この村はどうだった？」

「はい、ここでの幸福を求める、人々の生き方には、正直羨ましい（うらやましい）ものがあります。ただ私は、やはりこれからもシェラと二人、真理を探求し続けようと思っています。」

「それでこそ、わたる　らしいよ。」

「私も調査のため、ベンガル湾を望むカルカッタの港まで、ガンジスを下ったことはあったけど、上るのは今回が初めてなの。わたる　が一緒で本当に心強いわ。」とシェラが付け加えた。

あれから一二日が過ぎ、そんな昼食どきの会話があってから二日の後、わたる　とシェヘラザードは全ての準備を整え、お世話になった人々取り分けユンテングンポ管長はじめ、高田陸善部門長そしてグテチェンらにお礼と別れの言葉を告げ、いよいよ徒と馬車とでガンジス河を上る手漕ぎの乗合船の待つ船着き場へと急いだ。

船着き場に着いてからは、船を乗り継ぎながら、最初にたどり着いた河沿いの都は、ベナレスであった。

この都の北の郊外にあるのが、かつて釈尊が初めて教えを説いたサールナートである。

それにもかかわらず、石造りの都、ここベナレスでは、ヒンドゥー教徒が人々の八割を占める。

河辺では焼葬が行われ、その灰はガンジスに流される。

その際、専用の大型帆船が用いられる。

その意味でガンジスは、祖霊在す（まします）河、墳墓の河、同胞（はらから）の河である。

人々は沐浴し、人生の罪を洗い流す。

ここベナレスは、沐浴の聖地なのである。

それどころかガンジスそのものが、正に聖なる河なのである。

このインド最大の大河は、上流が灌漑により太古からの耕作の地であり、下流も豊かな水と肥沃な土壌に恵まれ有数の米作地帯であり、それ故に人口密集地帯でもある。

わたる　とシェヘラザードは、ここから程遠からぬ上流にある、アラハバードに着いたとき、この河がインド民衆にとって、恵みの大河であることを、改めていやと言うほど知らされることになった。

そもそもアラハバードは、そのガンジスがもう一つの大河ヤムナーと合流する聖なる地であり、雨も降らないこの乾期には、その河底に一個月だけ広大な砂地が姿を現す。

その大地を利用し紀元前の太古から一二年に一度、クンブメーラと呼ばれる大沐浴祭が営まれ続けて来たのである。

別に狙ったわけではなかった。

なぜならその時期というのは、占星術師によって太陽と月と木星が、最も良い関係となり、地球に最もよく磁力が働き、人にいい影響の及ぶ時期を選んで、決められるからである。

これは、その時期がたまたま　わたる　とシェヘラザードがこの地を訪れた、この一月からの一個月であったという偶然に過ぎないのである。

それにしても、すごい人出である。

一説には、数千万人とも言われる。

サドゥーと呼ばれる修行者の集団は、裸身の男たちである。

彼らよりはるかに多い巡礼の群れは、民族の衣服を身に纏った、男女の集団である。

カルプアシスは、そうした修行者と巡礼の中間であり、長期滞在の巡礼である。

カルプアシスとは、日に一度の食事、日に二回の沐浴、それでも夜の水は冷たく、それが彼らの修行であった。

それらの人々が、この時期ここに一時的にできる、広大な集落に集うのである。

そのため浮き橋が掛けられ、道路がつくられ、テントが張られ村落ができる。

わたる　とシェヘラザードも、そのテントを借りようとしたが、予約が取ってなかったため、なかなか借りられなかった。

女将が「あなたたちは、新婚か?」と尋ねたので、わたる　は、「そうだ!」とヒンディー語で答えると、「新婚用に、特別にとってあるテントがある。」という。

宿賃も他と比べても、それほど高くはなかったので、上流へ向かう船が出るまでと思い、シェヘラザードと二人、数日間だけそこに泊まることにした。

翌日朝起きて、隣にシェヘラザードがいなかった。

わたる　は、慌ててテントの外を見てみた。

頭に荷を載せた巡礼の男たちが数人、近くの大型テントに入っていくのが見えた。

遠くに目をやると全裸もしくは半裸の修行者の集団が、沐浴のためであろう一斉にガンジスの方へ駆けて行くのも見えた。

そのあとを追うように巡礼の女たちの一団が、サリーを身に着けたまま、やはり沐浴のためであろう、急いで歩いていくのが見えた。

そしてその一団の中に　わたる　は、シェヘラザードらしき人影を見た。

「シェラ！　待ってくれ！　私も行く！」

わたる　は、朝の身支度もせず飛び出した。

いや、飛び出そうとした。

しかし、どうしたわけか、右足が鉛のように重く動かない、次いで左足も動かない。

「シェラ！　待ってくれ！」　わたる　は、大きな声でシェヘラザードを呼び止めようとしたが、意外にも微かな（かすかな）声しか出なかった。

「わたる！　どうしたの？　起きて！」

夢であった。

気が付くと　わたる　は、顔、手、足をはじめ全身に汗をビッショリかいていた。

明らかに、緊張による汗であった。

わたる　は、シェヘラザードに今見た夢の内容を話すと、不思議なことにシェヘラザードも、同じような夢を見て、わたる　が目覚める少し前に目覚めていたというのである。

二人は、それからよく話し合い、一説には数千万人とも言われるこの物凄い人出のなかで、何があるか分からないので、これからは決して離れないように、もし離れ離れになるようなことがあっても、慌てないで一旦このテントに戻るように決めた。

そして朝の身支度をすませ、軽い食事を取ってから、沐浴に出掛けた。

テントを出ると、隣のテントから老婆と女の子と小さな男の子が出てきた。聞けば彼らは、カルプアシスのおばあちゃんと孫たちで、お姉ちゃんは一〇歳、弟は五歳という。

ガンジスに着くと、先ずお姉ちゃんが、服のまま鼻をつまんでドブンと水に漬かった。するとそれを真似るかのように、弟も服のまま耳を塞いでドブンと水に漬かった。

わたる　とシェヘラザードも、彼らを真似て沐浴した。

そして沐浴する様々な人々から、いろいろな話を聞いた。

「神に近づくためです。」

「心から神に会おうとすれば、会えます。」

「神は人の心の中に、すでにいます。」

「神に祈り、自らと向き合うのです。」

中には、両手で水を汲み、太陽に捧げる仕草をする者もあった。

聞けば「水をすくって、太陽の神に捧げるのです。」と言う。

ある者は、「自然は、なければならないものです。」とも言う。

またある者は、「自然も様々なので、水をすくって太陽の神に祈っているのです。」と言う。

彼らの多くは農民であり、水の神、太陽の神に麦の収穫を祈り、豊作を祈っていると言う。

なかには水不足の村から来て、水そのものを祈っている者たちもあった。

おばあちゃんが、漸く沐浴を終えたところだったので、いろいろと聞いてみるとヒンドゥーの神々について話してくれた。

わたる　は、自分の国の八百万（やおよろず）の神々に似ていると思った。

そしてさらにこれからのことを聞いてみると、南インドの聖地へ巡礼の旅を続けると言う。

わたる　は、自分の国の四国のお遍路さんにも似ていると思った。

さらにおばあちゃんによると、ガンジスとは、もともと天を流れる河であったものが、地上に流れ落ち、神秘の力を秘めた知恵の大河となったものであり、大勢の乗る舟で漕ぎ渡ることができる河だと言う。

夜になると河底は急に冷え込む、それにもめげずカルプアシスは、二度目の沐浴をする。

わたる　もシェヘラザードも、そのお隣のカルプアシスの家族と共に、二度目の沐浴をした。

そしてその夜、ガンジスのほとりには、無数の灯明があふれた。

その時、人の心の中にも灯明がともり、その瞬間、人もまた小さな神になるのだと言う。

あくる日　わたる　とシェヘラザードは、昨日と同じように朝の沐浴をすますと、その日は苦行するサドゥーの人々からも話を聞いてみた。

先ず右手を上げ続けるサドゥーに聞いてみた。

すると彼は、心の声に従っているのだと言う。

また肉体を苦しめ、自らの中の神と出会うのだとも言う。

次に言葉を話さないサドゥーに、筆談で聞いてみた。

すると彼は、神は沈黙し、自らもまた話さないと言う。

また神は何も話さない、しかし全てわかっているとも言う。

最後に一本足で立ち続けるサドゥーに聞いてみた。

すると彼は、毎日罪を犯していると言う。

また苦しみを乗り越えれば、目的は達せられるとも言う。

いずれにせよ巡礼たちは、彼らが自分たちの代わりに苦行に耐えていてくれているのだと思い、彼らは彼らで巡礼たちを祝福した。

そんな時、明後日には上流へ向かう船が出るとの情報がもたらされ、わたる　もシェヘラザードも、旅立ちの準備を整えつつあった。

そんなあくる日早々、その広大な集落の西の外れにあった、彼らのテントの目の前の大道を、象たちが楽団を引き連れ、お布施を集めながら行進していった。

さらにその後ろを、武器を手にした僧兵の集団も行進した。

正しくここは、インドであった。

そしてその翌日、船着き場からは再びガンジス河を上る、手漕ぎの乗合船が予定通り出た。

わたる　とシェヘラザードは、クンブメーラすなわちインド伝統の大沐浴祭と、そこで出会った人々との名残を惜しみながら、その船に乗り込んだ。

そして再び船を乗り継ぎ、さらなる上流を目指した。

幾度目かの船着き場で、乗り合った修行者が皆下船すると言う。

聞けばここから徒で、ガンジスの源流ゴーモックを目指すのだと言うのだ。

彼らは、いずれも社会的地位のある人々であったが、その地位を捨て家財をも捨ててまで、自らが神と一体となるための瞑想の修行に赴くのだと言うのだ。

その中には、「私はすでに死んでいる。」とまでいう者もあった。

そこで　わたる　とシェヘラザードは、彼らとともにそこで下船はするものの、標高三八九二mの極寒のゴーモックを目指すのではなく、途中まで行動を共にし、そこからは、わたる　とシェヘラザードだけヒンドゥスターンを西にシェヘラザードの故国、ラマダの首都オアシスを目指すこととした。

ヒンドゥスターンとは、この場合アラハバードからゴーモックまでの豊かな恵みをもたらしてくれる、広大な大地を指しているのだが、もともとの意味はヒンドゥーの国、つまりインド全体を指し、歴史的には主に北部インドを指して用いられてきた言葉であった。

もっと詳細に言えば、ガンジス河上流の平原から　わたる　とシェヘラザードが、これから目指すパンジャーブ地方あたりまでを指して用いられてきた言葉であった。

なべて地味豊かな、人々の多く住む大地、インドの富と自然のエネルギーを集めた大地、さらに言えばインドの活力の主要な舞台となった大地であった。

ただスタンとは、ペルシャ語の大地をあらわす接尾辞であり、ペルシャ語を話すイスラームの民の侵入以降付け加えられたものである。

さらにヒンディー語も東ヒンディー語から西ヒンディー語に分かれる。

いずれにせよこの二つが、ヒンディー語の二大方言群である。

さらにはこの時代、英国の植民地政策の一環として、ヒンドゥー教徒にもイスラーム教徒にも広く用いられていた一種の共通語として、ヒンドゥースタニー語も話されていた。

これはヒンディー語と、さらにその西のウルドゥー語と、両者と共通点の多い言葉ではあるが、ヒンディー語の文章語ほどサンスクリット語の要素は多くなく、ウルドゥー語の文章語ほどペルシャ語・アラビア語の要素は多くない。

ヒマラヤ山脈中央部、標高七〇〇〇m付近にその源を発し、インド北西部を通ってアラビア海に注ぐ大河インダスの水源の大部分は、標高四〇〇〇m以上の大氷河である。

それらは、サトレジ・ラビ・チェナブ・ジェルムなどの諸河川となり、合流して大河インダスとなる。

わたる　とシェヘラザードは、これらの諸河川を越え、西ヒンディー語を話す地域、ヒンドゥースタニー語を話す地域、ウルドゥー語を話す地域を経て、その昔アレクサンダー大王すなわちアレクサンドロス三世が東方大遠征の折、すなわち紀元前三二七年、インドへ進撃したものの、雨期にあい将兵の終わりなき従軍への拒絶にあって、ついに進軍を断念し、インダスを下る決意を固めたあたりまで入り込んでいった。

そしてすでにこのころには　わたる　は、ブータンの医学校における師や先輩たちの励まし、またインドのクンブメーラにおける出会い人（びと）たちとの恩情などによって、もうすっかり元気を取り戻し、徒での道すがらシェヘラザードとも時に笑いを交え、彼らしく大らかに会話できるまでになっていた。

隠れ里のスジャータ

三十八

岨路（そわじ）あるいは岨路（そばじ）という言葉がある。

険しい山の道のことであるが、この場合は右手が山、左手が谷の崖伝い（がけつたい）の小径であり、しかもその谷底を大河インダスに至る諸河川の支流が、それでも木材を筏（いかだ）に組んで流すには、十分なほどの水量をたたえ流れ下っていた。

わたる　を先にシェヘラザードがそれに続いて、その崖伝いの羊腸のような小径を行くと、行く手を塞ぐかのように、数人の川並の役人たちが、立ち尽くし待ち構えていた。

聞けばこの先で崖崩れがあり、ここより先は行かれないので、山側を大きく迂回するようにと言うのである。

またついては、もし身分を証明するものがあれば、見せてほしいとも言うのであった。

わたる　は、止む無く胴巻から西洛の李候からいただいた、証明書を出して見せた。

もとより疑われるような、怪しいところとてない二人は、許されて彼らの言に従い、山側の道なき道に入り込んで行った。

そしてさらにその間道は、意外にもその昼なお暗い山の林を、彼らが深みにはまるに十分なほど、それなりに入り組んで貫かれていた。

山林の木々の間から数人の男たちが、遠巻きに二人を取り囲んだのは、ちょうどその時であった。

半数は、斧を手に急速に間合いを詰めてくる。

わたる　は、シェラの左手を右手で取った。

今日の　わたる　は、少し違う。

鋭い眼光で、一回り彼らを見回した、その瞬間二人の行く手側から別な男たちが、手に雑木それも枝を落とした、太くて真直ぐな一振りを持って現れ、彼らにそれぞれ一対一で相対した。

その時、あとから現れた男たちの頭らしき男が、わたる　の左手を取った。

必然的に　わたる　もシェラも彼に引かれ、山の林の道なき道を、さらに深々と入り込むことになったが、その時すでに幾人かが、彼らの雑木で相手の斧を落としていたので、味方なのだと思い従っていった。

息を弾ませながら、どれほど行ったであろうか、山合の盆地であろう、周囲を小高い山々に囲まれた隠れ里のような、彼らの村落がやがてその姿を現した。

恐らくは二十軒に満たないであろう、しかしながらその堅固な造りは、決して敵の侵入を許さない巧みな構えであった。

三十九

わたる　とシェヘラザードは、その中でも一際大きな家の居間に通された。

自らの家らしく彼は、一人掛けの椅子に掛けると、二人にテーブルを挟んで向かえのソファアに掛けるよう促した。

こうして面と向かってよく見てみると、男たちの頭と言うには、あまりに年配であり、落ち着いた物腰からは、長老と言う方がふさわしいのではあるが、そうは言ってもここまでの道程（みちのり）、わたる　の手を引いて駆け通しに駆ける姿からは、その言葉が似付かわしいとも思えず、いずれにせよこの村落の長（おさ）であろうことには、紛れもなかった。

彼の話の次第は、こうであった。

そもそも川並の役人の管轄は、谷の崖伝いの小径から下であり、山の上の入会権を持っているのは我々である。

彼らの権限は、我々が伐採した木材を、公定価格で買取ってから、それらを筏に組んで、目的の下流域へ流すまでである。

「その川並の役人が、今日あなた方を襲った連中と、背後でつながっているのです。無論証拠はありません。だが我々が朝な夕な管理している山の林から、あの連中が時折木材を無断で伐採し、彼らに違法な安値で横流ししていることは、間違いありません。それどころか今回は、彼らの内の一部かも知れませんが、旅人を間道へ誘い込み、連中に襲わせようとした、可能性があるのです。」

「それでは、恐らくそれは、そうなのでしょう。しかし私たちのことが、よく分かりましたね。」

「我々は、無断伐採を防ぐためにも、林間に樹上に絶えず監視の目を怠りません。」

「まるで私の国の『忍びの里』のようだ！」

「それでは、あなたは高田陸善師と、同じ国の生まれだったのですね！」

「あなたは、高田陸善師を……どうして知っておられるのですか？」

彼は、わたる　を引いた手と、反対側の左手を見せた。

小指側二本が、第二関節からなかった。

「高田老師をヒマラヤへ案内したとき、凍傷で落としたのです。」

わたる　は、一瞬まずいところへ来たなと思った。

だが次の瞬間、「あの人ですよ。我々を初めて人間扱いして下さった人は、……。今でもイスラームの両替商を通じて、お金を送って下さっています。」

それは、イスラーム法に則り（のっとり）利子を禁止し、代わりに変動的な利潤を預金者に還元している、イスラームの無利子両替商であった。

四十

長の名は、アムジャド、この村落の名は、アシナすべて山から上がそうであるように、それらもまたイスラームの名であった。

ただ谷側へ大きく入り込んだ彼らの村落だけは、すべて谷の崖伝いの小径から下がそうであるように、彼らもまたヒンドゥーの民であった。

それゆえ豚を飼い、その豚たちが人の汚水も、食べ残しもすべて餌としてくれるので、蛆（うじ）も湧かず、したがって蠅（はえ）もいなかった。

豚たちは豚たちで、十日に一度川の水で、ご褒美の行水に漬かることもできた。

長によれば、アレクサンダー大王すなわちアレクサンドロス三世の東方大遠征の直後、この地域はギリシャ人の軍事的支配下に置かれ、そうしたギリシャ人諸王の数は、その時点において四〇人にものぼったと言う。

その中にあって最も頭角を現したのは、メナンドロス王であった。

彼は、パーリ語の仏典ではミリンダ王と呼ばれ、広くこの地域全域を統治していた。

ある時、サンケッヤ僧房の尊者、ナーガセーナの評判を聞き、ヘレニズム文化の中で育った王は、論戦を挑んだ。

そもそもこのヘレニズム文化とは、西アジアのチグリス・ユーフラテス両河の間に栄えたメソポタミア文明、そして北アフリカのナイル河流域に栄えたエジプト文明の両者からオリエント文明が起こり、それとこのアレクサンドロス三世の東方大遠征によって、ギリシャ文明とが溶け合って成立したものであり、負けることなど考えられなかった。

しかし王は、論戦が終わった時、尊者ナーガセーナに合掌し、王位を王子に譲り仏教に帰依する決意を固めたと言う。

そんな話を聞いていると、パンジャビでその身を覆った、紅毛碧眼の美しい少女が、三人に〝乳粥〟を運んで来てくれた。

わたるとシェヘラザードが、意外に美味しいその〝乳粥〟に舌鼓を打っていると、そのうち、先ほど二人を助けてくれた内の、最初に相手の斧を自らの雑木で落とした男が姿を見せ、その斧を持って来て二人の客に軽く会釈してからアムジャドに渡すや、立ったまま彼に耳打ちして帰っていった。

「要するに、相手の一人を問い詰めたところ、本当か嘘かは知りませんが、『我々と川並の役人とは関係ない。』崖崩れは本当で、『李候の身分証明を持った人たちが、間道に迷ってもいけないので、案内をするつもりだった。』と言っていたそうです。『それならば斧は、必要ないだろう。』とさらに問い詰めると、『我々も木こりだ。斧ぐらい、いつも持っている。』と捨て台詞を吐いて、その斧を残したまま逃げ帰ったそうです。」

四十一

村落の状況も、そこに住む人々の情況もほぼ分かりかけ、少しお腹も満たされると、わたるたちは、再び落ち着きを取り戻し、長に、シェヘラザードとともに彼女の故国ラマダの首都オアシスを目指していること、そしてその途上高田陸善師の忠告に従い「なぜ古代西北インドの地で、優れた『法華経』の教えが編纂されたのか？」ユンテングンポ管長が出した課題に対する正答を探る中で、この地のガンダーラ仏教美術にも触れてみたいと思っていることなどを話した。

「お二人に、見てもらいたいものがあります。お疲れでなければ、ご一緒していただけませんか？」アムジャドは鄭重に二人を、再び外へと誘った（さそった）。

外に出てみると、先ほど二人を助けてくれた内の幾人かの姿が見えたので、わたる　続いてシェラが会釈すると、彼らも軽く会釈を返した。

「相手方の言っていたことは、本当でしょうか？」

「本当なものですか。川並の役人と関係ないのなら、何故あなた方が李侯の身分証明を持っていることを、知っていたのですか？」

アムジャドは、わたる　の質問に答え、これまでの経緯を語りながら、先ほどとは反対側、村落の北のはずれの、さらに北側とうとう〝北壁〟と呼ばれる北の最果ての崖まで来てしまった。

そこにある茂みに隠れた岩をのけると、地下につながる階段になっていた。

長に続いて、わたる　そしてシェラが下りてゆくと、内部は意外に広かった。

暗くはあったが、壁の所々が白く光っていたので、わたる　が思わず手で触れてみると白いものがポロポロと落ちた。

「舐めてごらん！」と長が言うので、わたる　そしてシェラが岩壁の中の白いものを舐めてみた。

しょっぱかった。

岩塩である。

アムジャドは、坑道をさらに奥へ奥へと、二人を誘った（いざなった）。

左に折れ、とうとう突き当りかと思ったら、また右に折れ、そこが上に上がるための、階段になっていた。

長に続いて、わたる　そしてシェラが上がってゆくと、茂みの間から木漏れ日の漏れるのが見えた。

しばらく暗いところにいたせいで、目が慣れるまで眩しいばかりで、何も見えなかったが、しばらくして目が慣れてくると、アムジャドが示す地上の茂みの遥か北のかなたに、何やら大勢の人々が集まっている、広くて平らな場所のあることだけが、二人にも朧気ながらも、どうにか見て取ることができた。

「彼らは?」

「隊商です。」

「それでは、我々も彼らについていけば、砂漠を横断することができるのですか?」

「彼らは、止めた方がいい。」

「それは、何故ですか?」

「彼らの隊長は、カーン、儲け主義の男です。金になれば、あなた方を他の隊商に託し、置き去りにしかねない。モハバトの率いるキャラバンが来るまで、待った方がいい。彼なら、あなた方を目的のラマダの国境付近までは、必ず連れて行ってくれるでしょう。実は、我々が岩塩の取引をしている相手も、そのアリ・モハバトのキャラバンなのです。」

「分かりました。アムジャドさんが、そう言われるのならそうします。ところで、あの隊の後ろの方の、色とりどりの衣装の人たちは……?」

「あれは、行く先々のオアシスで歌や踊りを披露し、ご祝儀を稼ぐ女たちです。そうした習慣を始めたのも、実はそのモハバトなのですがね。カーンは、それが旨くいっているのを見て、ただ真似をしているだけなのです。モハバトがそうした歌舞団を結成したのには、それなりの訳があるのですがね……。」

「訳と言うのは？」

「そこから先は、会ってから本人に直接お聞きなさい。それよりもう少し近づくと、左手の方にサンケッヤ僧房の跡と言い伝えられている、石の遺跡があります。その中に、お二人に是非見ていただきたい彫像があるのです。そこまでなら、カーンにも気付かれず、何とか行って帰って来られると思います。行ってみませんか？」

「是非、行ってみたいです。」

「私も行って、その彫像を見てみたいわ！」

三人は、彫像を求め、サンケッヤ僧房の跡と言い伝えられる、その石の遺跡を目指し、もう少しだけ北に歩を進めることにした。

遺跡に着くと、奥まったところに、周りに隠れるように、その彫像はあった。

それは、紛れもなく釈尊の彫像であったが、どことなくギリシャ風であった。

しかもその傍らには、釈尊を守るためギリシャ神話最大の英雄である、ヘラクレスの姿が浮き彫りにされていた。

「高田老師は、私に『私は、チベットビルマ語派すなわちシャム・ビルマ・中国南西部・アッサム・ヒマラヤそしてチベットにかけて分布するシナ・チベット語族の一派に沿って、ここまで北上・西行してきましたが、その旅中にあって忘れられないことは、何と言っても未だ終わらない、英国との戦争に明け暮れるビルマの人々の姿です。』と言っておられました。だからおっしゃるように、なぜ西北インドの地で『法華経』の教えが成立したのか、その理由を探るなかで高田老師が、戦乱の中にあって人々が強く平和を求め、釈尊への思いを強めたためとされたというのなら、その気持ちも分かるような気がします。ただ私は、高田老師から当時その課題のことについては、何も聞かされていなかったのです。もし聞いていれば、多分いや間違いなく、このガンダーラ仏教美術の傑作を、見せていたに違いありません。何故なら、この地は〝民族のるつぼ〟と呼ばれているからです。」

「何となく分かり掛けて来たわ。さまざまな民族が行き交い、出会いと別れを繰り返すこの地だからこそ、人々は皆同じだ、もっと言えば魂は皆平等だと言う思想が、生まれたとしても決して不思議ではないわ。」

「シェラ！　私も今それを思っていたところだ！　魂の平等とは、命の平等、生命の平等ということでは、いけないだろうか？」

「あっ！　そうよ。わたる！　〝生命の平等〟よ。それなら『法華経』の教えの根幹にある、誰もが等しく仏になることができるとする思想にも見事につながるわ。」シェヘラザードは、少し興奮気味に同意した。

すでに　わたる　の両眼からは、熱く光るものが溢れ（あふれ）はじめていた。

「ところで、アシナの村の人々は、皆ヒンドゥーの民と思っていたのですが、仏教とも関わりがあるのですか？」

「もともとヒンドゥー教の中には、釈尊の説く仏教もまた、その一部であるとする考え方があるのですが、ヒマラヤの荷役の仕事をするようになってから、チベット族特にシェルパ族の人々との交流・交易が盛んになり、彼らの農耕・牧畜を学ぶ中で、チベット仏教すなわちラマ教もまた自然な流れとして、我々の生活の中に入ってきました。今では、インドのクンブメーラの前年、その年十二歳になる少女がダライ・ラマのもとへ、この地に咲く野の花で彩られた、花束を一束届ける慣習があるほどです。昨年その大役を果たしたのが、お昼にあなた方に乳粥を運んだあの子です。実は私の孫なのですが……。アシナの村をはじめ〝民族のるつぼ〟の地では、時折あのような紅毛碧眼の子が生まれるのです。我々は、あのような子を〝アレクサンダーの子〟と呼んでいます。」

「美しいお話ですね。アムジャドさん！　私は、何故この地で白蓮華のような『法華経』の教えが成立し得たのか、その理由を我々自身の力で探った結果を、何とか高田陸善師にも伝えたいと思うのですが、何か手立てはないでしょうか？」

「分かりました。それならば、もう少しだけ西北方向に、近づいてみませんか？」

彼らは、さらに西の方向に、そしてもう少しだけ北へ歩を進めた。

すると手前にある東の林の蔭に隠れていた、石造りの建物が見えてきた。

「あれが、イスラームの無利子両替商です。飛脚も兼ねていますから、手紙は勿論、伝言だけでも届けてくれます。」

アムジャドの説明に得心した　わたる　が、ふと西の岩壁に目をやると、何か偉大な人の像らしき姿が眼に入った。

しかもその手前一帯は、まるで花園のように、背の低い野の花で覆われていた。

「あれは？」

「お気づきになりましたか？」

「まあ！　綺麗！」シェラも気付いた。

「あれには、〝言い伝え〟があるのです。」

「〝言い伝え！〟ですって……。」

「お聞きになりたいですか？」

「勿論！」

「是非！」　わたる　も乞うた。

「それは、遠い昔の話です。あの西の岩壁には、それはそれは大きな仏の像が彫られていました。ただそこを通るイスラームの人々にとっては、偶像に慣れていないせいか、その眼差しは、とても怖いものでした。そこである時、彼らはその眼差しだけを、削り取ってしまいました。その後思いがけぬ天変地異と、それに伴う風化とによって、仏像は今に近い姿になってしまいました。ただその天変地異によって削り落とされた地味が、余程肥えていたせいか、それからというものその周りには、春になると濃青色の愛らしいルリムスカリの花が、沢山咲くようになりました。ある時その評判を聞き込んだ一人の仏教の托鉢僧が、ここを訪れ僧衣のほこりを払いながら、『昔、物乞いに与える衣食とてないことに気付いた高僧が、ご本尊の腕を手折って（たおって）その者に与えたそうです。代わりに番えた（つがえた）粗削り（あらけずり）の木彫とその繰り返しによって、そのご本尊は、屹度（きっと）このようなお姿になられたことでしょう。形あるものは、全て消滅するものです。』と言ったそうです。それを聞いていたイスラームのファキイルが、『あなたの心の中に今も仏があるのなら、何時かまた復元される日が来るでしょう。』と言って慰めたそうです。二人のやり取りを聞いていた周りの人々が、石をつかんで投げ掛けようとしたので、仏僧は、そのイスラーム僧の腕をつかんでサンケッヤの僧房近くまで逃げたそうです。その周りには、以前から春になると白・黄・紫などの美しいクロッカスの花が、沢山咲いていましたが、そのイスラーム僧は、その花園のちょうど真ん中あたりで僧衣のほこりを払ったそうです。」

二人が、アムジャドの話を聞いていると、何時しか西日がさらに傾き地平に沈みかけたその瞬間であった。

「あっ！　これは……美しい。」

「まぁ！　何て……綺麗……」

二人が立っている位置から見ると、サンケッヤ僧房の前のクロッカスの花々が夕日を浴びて白・黄・紫に彩られ、それらの花々の中心には、イスラーム僧のほこり、すなわちルリムスカリの花が濃青色に彩られていました。

さらに向こう側のルリムスカリの花々の中心にも、仏僧のほこり、すなわちクロッカスの花が白・黄・紫に彩られ、それらが互いに対をなし、見事なアラベスク模様を織りなしていたのです。

「わたる！　あれを見て！」

「あっ！　あれは……」

しかもその偉大な人の像らしき姿は、西の岩壁全体が夕日を浴びて明暗のコントラストがはっきりし、くっきりと如来の姿を浮かび上がらせていました。

四十二

アムジャドの家の居間に戻った二人は、言われるままに再びソファに掛け、促されるまま夕食の準備ができるまでを待っていた。

「〝言い伝え〟に言う思いがけぬ天変地異とは、どのようなものだったのでしょうか？」わたるの疑問に、ここへ帰る途中アムジャドは、〝北壁〟の一部に、それらしい個所があるので二人をそこまで案内した。

「ここは、毎年の雪解け水に前年雨期の雨水が重なって含まれ、その年たまたま見舞った局所的な地震で、このように削り落されたのです。」

二人がそれを見て納得していると、彼はさらに続けて「アリ・モハバトのキャラバンが来るまで、まだ一月はあるでしょう。その間、私の家にお泊り下さい。高田陸善老師への連絡は、私への送金を通じ住所もよくわかっています。おっしゃるように先ほどの夕日の景色などをも含めた手紙であれ、伝言であれ、ご覧になったあのイスラームの無利子両替商が、間違えなくやってくれますよ。いや実は私には夢がありましてね。そのためなのですよ。木材の伐採や岩塩の採掘で得た収益を、あの両替商に積み立てているのは……。」

「夢とは、どのような……？　もし、お差し支えなければ……」

「いや、あの村に子供たちのための、本格的な学校を作りたいと思っているのですよ。いや、そのことはもういいのですが……、実はお二人に、折り入ってお願いしたいことがありまして……。」

「勿論宿泊の費用は、お支払するつもりですが、そういうことでしたら、その子供たちのための本格的な学校作り、心ばかりのことはさせていただきます。何分にも旅先のことで、高額と言うわけには参りませんが……。」

「いや、そうじゃないのですよ。そんなことじゃないのですよ。まあ、家に帰ってから、夕食でも食べながら、ゆっくり話を聞いて下さい。」

そんな立ち話があっての、この時であった。

二人が待っていると、その内アムジャドと彼の孫だという、その紅毛碧眼の美しい少女が、それぞれ盆にカリーとナンそして一杯のラッシーを載せ、わたる　とシェラの前のテーブルの上に置き、再び厨房へ戻って、今度は自分たちの分を盆の載せ、彼らの前のテーブルのスペースに置いて、自分たちもまたそれぞれ一人掛けの椅子に掛けた。

「まあ、食べながら話しましょう。」アムジャドが最初に口を開いた。

「まぁ！　何て美味しいのでしょう。」シェラが千切ったナンにカリーをつけながら、それを口にして思わず呟いた（つぶやいた）。

「私も少しは手伝いましたが、ほとんどこの子が一人で調理したのですよ。」

「まぁ！　凄い！　ねえ、お昼の乳粥もあなたが作ったの？」

「はい。」

「まぁ！」

「料理もそうなのですが、この子が着ている、パンジャビを見てやって下さい。これも、自分で縫ったのですよ。しかも、自分でデザインして……。」

「まぁ！　それはまた本格的ね。」

「いや、ゆっくり話を聞いていただきたいと申し上げたのは、実は、そのことなのです。スジャータ！　自分で申し上げなさい。」

「私、服飾の勉強がしたいのです。」その名の持ち主は、自らの願いを　わたる　とシェラに告げた。

「私も、これの父と母を亡くしてから、男手一つでこれを育てながら、行く行くは、私が建てる学校の教師になって、これの母親のように、村の皆を引っ張っていってくれればなどと思っていました。少なくとも、去年の今頃までは……。インドのクンブメーラの前年、その年十二歳になる少女が、ダライ・ラマのもとへ、この地に咲く野の花で彩られた花束を一束、届ける慣習のあることについては、既に申し上げた通りです。そして昨年その大役を果たしてくれたのが、この孫娘だったことについても……。ただこの地に咲く野の花と申しましても、こちらで花束を作って持って行ったのでは、あちらに着く頃には、すべて枯れてしまっています。そこで花のすべては、植木の状態で運ばねばなりません。十二歳の少女が、山道を徒で行くだけでも大変なのに……。無論チベット族特にシェルパ族の人々が、助けてくれました。それにしても、本当に健気な子です。」

「ご両親は、どうされたのですか？　もしお差し支えなければ……。」

「いや、よく聞いて下さいました。父親は、荷役の仕事中、ブリザードに遭い、これが六歳の時、ヒマラヤで帰らぬ人になりました。母親は、その後も女手一つで、これを育てながら、父親を通して学んだ、チベット族特にシェルパ族の高原農耕・牧畜特に麦などの畑作栽培、山羊などの村落周辺での移牧などを村人に指導しました。その無理がたたってか、これが八歳の時、肺の病で亡くなりました。」

　わたる　は、八歳の時、肺の病と聞いて、どきりとした。

「その後は、私がこの家に呼んで、育てることにしたのですが、育てると言っても何でも自分でやる、手のかからない子で、いや、それどころか母親の仕事は、見様見真似で大筋を覚えていて、大人たちを手伝ってくれるのです。しかも夜になるとアリ・モハバトからもらった、子供向けの本で文字を学び、今では父親が残したラマ教の本を、すらすら読めるほどです。高田陸善老師が来られた時も、この子が一心に客人をもてなす姿に心打たれられたのか、この子と両親が住んでいた家が、空き家になっていたものですから、そこに数台のマニ車を据え付けて下さって、今ではそこが村人の集会所兼私が村の子供達に文字を教える、仮の寺小屋のようになっています。」

「ああ、あそこでしたか！　私は、あそこはまた、そこを通るラマ教徒のための祈りと宿泊の場かと思っていました。」

「いや、実際その意味もあります。高田老師もあそこで祈ってから、私とともにヒマラヤを目差されましたし、いや、私がいけなかったのです。客人の中にヒマラヤでの行（ぎょう）を目差される人が増えて来たことをいいことに、私はこれの父親に、実は私の一人息子つまりはこの村の村長（むらおさ）の跡取りだったのですが、荷役延いては（ひいては）案内役行く行くは仲介交易などでも利益が上げられればなどと考え、無理をさせてしまったのです。結局のところ交易で成功したのは、アリ・モハバトのキャラバンが他の村からの香辛料とともに買ってくれる、あの岩塩ぐらいのものです。」

「いや、それでも文化はどうでしょうか？　そうした交流を通し、様々なものが村に伝わったのではありませんか？」

「それは、そうです。」

「それこそが〝民族のるつぼ〟としての、地の利を生かしたことになるのではないのですか？」

「いや、それなのですよ。これが、ダライ・ラマから名を聞かれた時でも、この村の慣習に従って〝アムジャドの孫娘〟と答えたので、それではあなただけの名を差し上げようと言われて、〝スジャータ〟の名をいただいたのです。大体この村の名がそうです。それまでは、〝アムジャドが村長の村〟と呼ばれていたのですが、アリ・モハバトのキャラバンとの交易がスタートしてから、イスラームの無利子両替商を通じ送金する際、村としての固有名詞があった方がいいと言うこととなり、アリ・モハバトがアシナと名付けてくれたのです。スジャータに言わせるとアフガンの名だそうですが……。」

「そうなの?」シェラがスジャータに尋ねた。

「私が八歳の時、お塩のおじちゃんがそう言っていました。それからモハバトは、アフガンの言葉で〝愛〟を意味するのだとも……。」

「そのモハバトですよ。『この子は服飾特にデザインに興味を持っているから、少なくもラマダより西へ行かせてやった方がいい。』といってくれたのは……。そこで最初は、モハバト隊長自身に託せないかと思ったのですが、『私は、あくまでキャラバン隊の隊長に過ぎない。ラマダの南の国境付近までなら送り届けることはできるが、それより先については、もっとしっかりした人たちを見つけた方がいい。』と言われたのです。失礼ながらお二人を見ていて、この子を託すなら、もうあなた方を置いて他にはないと思ったのです。どうかこの年寄りの生涯最後の頼みを、聞いては下さらぬか?」

さすがに　わたる　もシェヘラザードも即答はしかねたが、スジャータ自身には好感を持ったし、アムジャドの生涯最後の頼みも何とか聞いてあげたい気持ちになった。

そこでその場は、一月後ここを旅立つまでに結論を出すとのみ回答した。

四十三

〝北壁〟の上は、小高い台地になっていた。

そこは、夏になると雪解けの水を含み草原が広がる。

そこが、夏場だけ山羊たちを放牧するには、絶好の牧草地となった。

秋になると、麦畑（むぎばた）に小麦の種をまくので、それまでには元のスジャータの家、今のマニ車の家の周りに山羊たちを移牧しなければならない。

上の草原に比べ下の放牧地は、それほど広くはないので、下の畑では大麦特に裸麦を育て、人が食べきれなかった余りを山羊たちに与える。

山羊たちは山羊たちで乳をくれ、それが精製されて醍醐となり、その脱脂乳は乳酸菌で発酵され、はちみつ・香料が加えられて希釈されこの村独特のラッシーとなる。

（この時、少年Uの「普通のラッシーは、どのようにしてつくるの？」との疑問に、わたる　は、「ラッシーは普通、ダヒーと呼ばれる濃厚なヨーグルトを原料にして、それを牛乳で好みの濃度に希釈し、はちみつ・レモン汁などを加えてつくるのだよ。」とのみ返答した。）

〝北壁〟の上の台地は、十軒足らずだが、それでも春の農閑期には、男女総出で岩塩の採掘に当たり、アリ・モハバトのキャラバン隊に引き取らせる。

二十軒に満たない下の家々では、男たちが木材の伐採に駆り出されている間、女たちが麦畑を見て、山羊の乳を搾り、乳製品を作る。

上の小麦も、下の大麦も麦わらは、麦わら帽子・バッグ・ストローなどわらの細工に用いられる。

わたるもシェヘラザードも一月の間、その内の手伝えるところだけは手伝いながら、両親が実に巧みに作り上げたそれら移牧の流れを、一心に体現するスジャータに感心した。

「ねぇ！　あなたが作る乳粥、山羊の乳にしては癖がないけど、あれはあなたが考えた味付けなの？」

「いいえ、母が教えてくれました。」

「それにしても、八歳までにあれだけのものを覚えられるなんて、たいしたものだわ！」

「苦行に倒れた釈尊を〝乳粥〟で救った〝スジャータ〟の名にふさわしい！」

わたるとシェラは、思わず目と目を見合わせた。

そのようなわけで、北の広場にアリ・モハバトのキャラバンが姿を見せる頃には、わたるもシェヘラザードも、もうすでにアムジャドの一生の頼みを聞いて、スジャータの人生の願いをかなえてあげることにほぼ決意を固めていた。

それでも、実際にアリ・モハバト隊長のキャラバンを目の当たりにしたとき、二人は、唖然とした。

前に見たカーンの隊商をはるかに凌ぐ規模のそのキャラバン隊では、一〇〇頭を超える駱駝が連なり、今まさに岩塩や近隣各所から集められた香辛料の袋が積まれようとしていた。

しかもその歌舞団は、中国唐代、胡人と呼ばれたソグド人の舞い〝胡旋舞〟を再現していた。

その舞いは、連続する急旋回を基調とするもので、見る者の目を奪う、若い〝胡旋女たち〟による艶めかしくも鮮やかなものであった。

その時モハバト隊長は、ちょうどイスラームの無利子両替商から出てくるところであった。

アムジャドは、それを捉え　わたる　とシェヘラザードを紹介し、彼に二人の旅の目的地を告げた。

アリ・モハバトは、ラマダの南の国境付近までなら、確実に送り届けることができると約束してくれた。

しかもそこから首都のオアシスまでは、徒でももうそれ程遠くないとも言うのである。

そこでスジャータを同伴してもよいか尋ねると、彼は、それは私がお二人にお願いしたいと思っていたことだと言う。

口ひげを蓄えた大柄な男で、頼もしそうな押し出しは、どことなく西洛のモハメド・ババを思わせた。

彼は、全ての準備を整えたら、一週間後三人そろってここへ来るように告げた。

わたる　とシェヘラザードは、この時スジャータを守り確実に彼女の願いを叶えてあげようと決意を新たにした。

砂漠と星空

四十四

当日は、アムジャドはじめ、荷役を終えた数人の男たちが見送ってくれた。

わたる　が、最後にアシナ村の〝アシナ〟は自分の国の漢字の読みで音訳すると〝亜史菜（あしな）〟がよいと言うと、アムジャドがその意味を問うので、わたる　が〝アジアの歴史に咲いた野の花〟と訳すと皆大いに喜んでいた。

歌舞団の〝胡旋女たち〟は、音曲に合わせ別れを惜しむかのように〝別れの舞〟を披露したが、中には白くて長い布を両の手に絡ませ、くるくる回しながら風になびかせて舞う者まであった。

そんな中で二人は、スジャータにイスラームの無利子両替商を通し、アムジャドには絶えず連絡を取るように約束させた。

二人は二人で、アムジャドたちに厚く礼を述べ、スジャータのことについては、自分たちもできる限りのことをする旨を約した。

いよいよモハバト隊長は、キャラバン隊の出発を告げた。

皆後ろ髪を引かれる思いで、隊長が引く様々な荷を積んだ駱駝たちのあとに続いた。

隊長がキャラバン隊の先頭に立つのは、何よりも先ず砂漠においてオアシスからオアシスまでの道程を熟知していたからであった。

それでも時折起こる突風は、風塵さらには砂嵐を巻き上げ、彼はそれらを最初に受けねばならなかった。

そんな隊長および隊員の引く駱駝とは、言うまでもなくウシ目ラクダ科ラクダ属の大型草食哺乳類であり、この一帯の高温砂漠では、やや小柄なそれでも体長二・五mほどの、荷役には用いるが乗用にはあまり用いないヒトコブラクダであった。

前脚も後ろ脚も、指が二本で蹠球（せききゅう）が大きく厚く柔らかく、そのため接地面が広がるので砂地に食い込まず砂漠の歩行には適していた。

おまけに鼻が閉じ、耳の周りの黄褐色の毛も長いことから、その様な砂塵が鼻孔や耳孔に入り込むのを防いでいた。

ただよく言われる〝砂漠で水に困ったら、駱駝の背の瘤を割れ！〟とは、半ば迷信であり、半ば真実であった。

それと言うのも、背の瘤は基本的に脂肪質の貯留であって水分の貯留袋ではないが、養分の貯留ではあるほか代謝水でもあるからであった。

また砂漠にあって昼と夜の温度差が激しいのは、昼は大気の水蒸気が少なく日射が強く、そのため地面が強く熱せられるのに対し、夜はその日射による熱が大気へ大きく放散され、そのため地面が強く冷やされるからであった。

その日内変動は、最大なら実に五〇～七〇度にも達することがあるほどである。

そこで砂漠にあって、夜空の星を眺めたいというのなら、次のオアシスまで待つのが賢明であった。

そうであれば砂漠の下にも数一〇～数一〇〇mの深さでは、数一〇〇m／年の速さで地下水が伏流していて、その水脈が泉となって湧出する一帯には、周囲に草木が繁茂（はんも）し、動物が群生し沃土（よくど）が形成されるからである。

オアシスと呼ばれるその一帯では、古くから集落が立地し、隊商の休息の場として、また交易の場としても役立ち交通の要衝ともなっていた。

モハバト隊長は、それらオアシスを連ねた現在の南の交易路をよく心得ていて、実に巧みにそれらの最短距離を結びつつ、踏み分けて行くのであった。

隊長に言わせればラマダのオアシスも、もともとはそれらオアシスとオアシスを結んだ交易路の最終目的地であり、それらの中で最大のオアシス都市であったものが、ラマダ王国の成立に伴い、その首都として独立した機能を備えるまでになったのである。

最初のオアシスに着いて、男たちが駱駝たちに水や草を与えている間、〝胡旋女たち〟は食事の準備をし、旅人が皆テントに入り落ち着いた頃から、歌舞団として音曲に合わせ〝出会いの舞〟を披露しはじめ、中には小さな鞠（まり）の上に乗って舞う者もあった。

食事を済ませた頃を見計らって、モハバト隊長は、わたる　とシェヘラザードそしてスジャータを東の広場に、寝袋を持って集まるよう誘った（さそった）。

星空を見上げるためであった。

気候・天候の加減もあるので、毎回というわけにはいかなかったものの、この時からである。

西からアリ・モハバト、海わたる、スジャータ、シェヘラザードの順に寝袋の中で仰向けになり、夜空の星を眺めながら、語り合うようになったのは、……。

〝語らい〟と言っても、実際にはモハバト隊長の話を、三人が拝聴することがほとんどであった。ただ三人も、それを嫌がっていたわけではなかった。

それと言うのも、アリ・モハバトの実践の哲学が、その後彼らが生きていく上において、どれほど意味があったか、知れないほどだったからである。

そこでここから先しばらくは、そんな彼の話の次第について、綴っていこうと思う。

そうでもなければ、砂漠また砂漠の単調な風情（ふぜい）の日々にあって、その日いかに砂漠の砂丘の上に、風が織りなした美しい紋様を見付けようとも、その日いかに夕日が駱駝の細長い影を、その風紋に幾重にも落としたとしても、その日いかに温かな食事にありつけたとしても、人とはそれだけでは決して満足できない〝考える葦〟だからである。

四十五

「砂漠では、大気中の水蒸気が少なので、夜空の星がくっきりと見えるのです。昼は見えなくとも、夜になるとはっきりと見える。このように見えぬものでも、この世にはあるのですよ。あの天球の大円に沿って淡く帯状にそのすそ野を広げるのが〝天の川〟！　大河のほとりに住む人々の中には、あの川の水が地上に注ぎ、彼らの大河が生まれたのだと信じる人たちも多いようです。」

「インドのクンブメーラで出会ったカルプアシスの老婆も、ガンジスとは、もともと天を流れる河であったものが、地上に流れ落ち、神秘の力を秘めた知恵の大河になったのだと、言っていたのを思い出します。」

「それは、正しくその通りです。ただ自分たちに自然の恵みをもたらしてくれる偉大な大河に対し、そのように直感し、そのように思考している、神々に敬虔（けいけん）な人たちは、世界中の大河のほとりに住んでいるのですよ。」

「ところで　海　さん！　アムジャドから聞いたのですが、あなたは、何か私の男女の役割分担について、お聞きになりたいことがあるとか？　先ず断っておきますが、私に続いて男たちに駱駝の手綱を握らせるのは、今でも隊商を襲う盗賊が出没する危険性があるからです。そこで彼らに駱駝の世話の一切を任せています。必然的に食事の準備をはじめ、我々のキャラバンを頼って来る、砂漠を行き交う旅人のお世話を、彼女たちに任せているのです。」

「いえ隊長さん！　私がお聞きしたかったのは、あなたが歌舞団を結成された訳です。」

「やはり、そこでしたか。いや、アムジャドが、余り回りくどい言い方をするものですから……。いえ、これは大変言い辛いことなのですが、彼女たちの中には、宿場などで春を鬻いでいた者もあるのです。なかには親に売られた者まで……」

「もう、いいわ！」シェヘラザードが、この時スジャータの顔を見ながら言った。

「いや実際、そこから彼女たちを救い出す方法はないかと悩みました。そんな時、彼女たちに、歌舞音曲の才能のあることに気付き、この方法を考え出したのです。」

「先ほどの、いまだ盗賊が出没することと言い今のお話しと言い、実際、人の性は、善なのか悪なのか……。」わたる　が思わず漏らした。

「分かります。ただ私は思うのですが、人とは、もともと明度一〇度の真っ黒でも、明度二〇度の真っ白でもなく、たとえ限りなくそれらに近くとも、一一度から一九度までの灰色の範囲内にある存在だと……。つまり私は、何事も少しでも良くすることだと思っているのですよ。実際神様は、人のそういうところを見ておられるのかも知れないとも……。そこで私は彼女たちに、いつも言ってやっているのですよ。〝これからの人生が、これまでの人生を決めるのだ。〟とね。」

それからしばらく　わたる　は、これまでのことを、問われるままにアリ・モハバトに語った。特にこの旅中でのこと、中でもインドのクンブメーラでのこと、アシナ村ではアムジャドの力を借り、何故あの地で『法華経』が成立したのか、その理由を探ったときことなどである。

……

「もう、そろそろ夢見心地のようよ。」スジャータの顔を見て、再びシェラが言った。

「今度は、是非あなたの宗教観についても、お聞きしたいですね。」わたる　はこの時、いつもになく名残を惜しんだ。

四十六

再びオアシスで、星空を眺めながら、アリ・モハバトと語らうことを楽しみにしていた　わたる　にとって、一月は、むしろあっと言う間のことであった。

その間オアシスで時を過ごすことがなかったわけではないのだが、夕刻になってからの砂嵐に、生憎の中止を余儀なくされていたのであった。

日ごろの砂漠での食事は、ほとんどが乾パンとチーズと水筒の駱駝のミルクであったが、オアシスでの夕食には、それらに温かい一皿が加わった。

ところで駱駝のミルクとは、味は薄いが、ちょっと塩味の利いたミルクスープのようなもので、その乳絞りだけは、〝胡旋女たち〟の仕事であった。

夕食を済ませた三人が、テントの中でくつろいでいると、隊長から寝袋を持って西の広場に集まるようにとの伝言があった。

再び皆で、夜空の星を眺めるためであった。

「その昔、人々が洞窟で生活をしていたころ、彼らの神は、その壁に〝大きな人〟として描かれたことでしょう。今こうして夜空の星々を見上げてみても、それらが我々の上に降って来ることはありません。英国の物理学者ニュートンが発見したように、これらの星々には、その質量に応じ引力が存在するからです。恒星の周囲を惑星が公転し、全てはその均衡を保っています。それでもそこに、引力を目の当たりにすることはありません。それは、この地面を、どんどん掘り進んでいったとしても、恐らく同じことでしょう。そのように見えぬものでも、この世にはあるのです。前にも申しましたが、昼間の星は見えません。それでも、そこに存在しています。見えぬものでもあるのです。何故見えないと思いますか？」

「昼間の太陽の光によるのでは、ありませんか？」

「その通りです。そこで太陽を神とする、宗教上の思想も多いようです。あなたのお国では、どうですか？　海　さん！」

「神道（しんとう）における天照大神（あまてらすおおみかみ）は、日の神として仰がれています。三世紀前半の『魏志』倭人伝に記（しる）されている、邪馬台国（やまたいこく）の女王、卑弥呼（ひみこ）もまた、〝日の巫女（ひのみこ）〟から来ているとする説があるほどです。六世紀中ごろ仏教が公伝し、大日如来（だいにちにょらい）が伝来すると、その後奈良時代に成立し、平安時代に発展した本地垂迹説（ほんじすいじゃくせつ）によって、本地である仏、大日如来が、衆生救済のため日本（ひのもと）の神、天照大神となって現れたと説く、神仏習合思想も起こりました。」

「太陽を神とする宗教上の思想は、ギリシャ神話のアポロンをはじめとして、そのように世界中にあるのです。それは、〝太陽〟が人の肉眼で辛うじて（かろうじて）見ることのできる、最大のエネルギーの源だからです。なべてキリスト教におけるクリスマスの起源も、古代ローマの冬至の日に行われていた、太陽神の誕生祭・収穫祭が元と言われています。それは、冬至が北半球において、一年中で太陽の高度が最も低く、また昼が最も短く、太陽の力が最も弱い日であり、これからどんどん強くなっていく、一年の始まりに、ふさわしい日だったからです。ただ今後さらに科学が発達し、例えばある一点で巨大な爆発が起こり、そこから壮大な膨張が始まり、この宇宙が誕生したと解明されたとして、しかもそこには既に古代ギリシャの哲学者、デモクリトスが説いていたような、万物の根元としての原子（ATOMON）すなわち分割され得ないものが存在したとして、その運動と集積とによって形・配列・位置・大きさの異なった、様々に異質で多様な物体が生じたとすれば、それこそ意図ある自然エネルギーの法則の源であり、私はその最初の高温高密度の状態にこそ〝神〟を感じるのです。」

「そしてさらに科学が発達し、もしさらにそれ以前のことまでが解明されたとしても、あなたはそこに一層の〝神〟を感じることでしょうね。」

……

この日、二人の〝語らい〟は尽きなかった。

四十七

それからさらに三週間ほどが経って、オアシスでの夕食ののち、隊長からの寝袋を持って、広場に集まるようにとの伝言を、若い〝胡旋女〟の一人が、三人のテントに伝えた。

わたる　が、早速寝袋の準備をしていると、シェヘラザードが、スジャータが隊長さんに、お願いしたいことがあるそうなので、わたる　との話が、この間程長くならなければいいのだけれど……と言うのであった。

実は、ここのところ砂漠の旅路にも慣れてきたせいか、シェラもスジャータも〝胡旋女たち〟の旅人のお世話を手伝ったり、シェラは彼女たちの体調の相談に乗ったり、スジャータも彼女たちの衣装を、修繕したりしていたので、わたる　は、スジャータの願いと言うのも、何かその辺のことなのかも知れないと思った。

いずれにせよ　わたる　は、この間のように、モハバト隊長の得意な占星術や天文学の分野の話になったのでは、興味も尽きず、長くなる恐れがあったので、それらはまた次の機会に回すとして、今宵は一つ、彼のイスラームに対する考え方について聞いてみようと思った。

「お尋ねのこと私は、占星術を学び、旅人の天文学者が携えていた天体望遠鏡を通し、天体を観察する内、心からアルラーを信じるようになりました。それは、アルラーこそ水の上の玉座にあって、六日の間に天と地を、すなわちこの宇宙を創造された方だと思ったからです。だからその意味では、私もムスリムすなわちイスラームの一人なのかも知れません。ただ聖預言者ムハムマドの、正統な後継者をめぐって、その後イスラームも分派しました。私に言わせれば、そのように争う必要など、ないと思うのですが……。この夜空の星々を眺めていると、つくづくそう思うのです。ところでスジャータ！　今宵は何か私に願いごとが、あるのだって？」

「はい！　私の願いごとは、お星さまとは、関係のないことなのですが……？」

「構わないよ！　叶えてあげられるかどうかは、分からないけど、どんなことであっても、聞くだけはちゃんと聞くから、何でも言ってごらん！」

「はい。それでは、私思ったのです。歌舞団の人たちの、呼び方について……。今は皆〝胡旋女〟と呼んでいますけれど、私は〝舞姫〟これからの若い人たちでも〝踊り子〟がいいのではないかと……。この間、そのことをシェラに話したら、それはとてもいい考えだと思うから、今度お星さまを見る機会があったら、隊長さんに話してみたらって言われて、それで私……だってあの人たち、とても〝舞も踊りも〟上手なのですもの……。」

「よし、スジャータ！　君が言いたいことは、よく分かった。ただ一つ質問がある。君は今までアシナ村にいた頃には、私のことを〝お塩のおじちゃん〟と呼んでいたね。それが最近では、〝隊長さん〟と呼ぶようになった。それはどうしてだい？」

「だってアシナにいたときには、小さいころは、子供の本をくれたり、少し大きくなってからも、お祖父ちゃんのお塩を、高く買ってくれたりする優しいおじちゃんだと思っていたのですもの。それが今では、私たちが寝ている間も、お星様の位置を確認し、星々を結んだ線と線の交点の下に次のオアシスがあるというように、昼間も私たちが熱い砂漠で迷わないように、絶えず気を配って下さっているのですもの。」

「つまり相手のことをよく知るようになって、もっと言えばより理解するようになって、敬意のようなものが生まれたというのだね。」

「はい、そうです。」

「分かった。彼女たちは、イスラームではないので、それほど難しい問題はないはずだから、そういうことなら、君の言う〝舞姫〟や〝踊り子〟についても、よく考えてみることにしよう。」

「有難うございます。そうなったら、私本当に嬉しいわ。」

四十八

途中オアシスの取引所で、岩塩のほとんどを売り捌くことに成功したアリ・モハバトのキャラバンは、駱駝一頭に付き二〇〇kgほどもあった積み荷も、半分の一〇〇kgほどとなり、余すところ香辛料以外はすべて旅人の荷物だけとなった。

それまで隊商の先頭に立っていた隊長も、一時手綱を次の部下に任せ、その場にとどまってわたる　たちの来るのを待った。

モハバト隊長は、わたる　、次いでシェラの顔を見て、最後にスジャータの眼を見た。

実はその後、スジャータの願いは、隊商に諮られ（はかられ）、歌舞団で相談され、オアシスの人々、分けても客として彼女たちの歌舞を観賞する旅人たちに持ち掛けられた。

それでもまだ〝胡旋女〟と呼ぶ者もあったが、歌舞団で相談して決めたように、十代以前を〝踊り子〟、二十代以降を〝舞姫〟と呼ぶ者も徐々にではあるが増えて来ていた。

そんな中、ついこの間は、ボーカルが中心の〝踊り子〟に対し、〝歌姫！〟と声を掛ける客の旅人がいたほどであった。

「隊長さん！　有難うございました。」スジャータは、アリ・モハバトに一礼した。

モハバトは、スジャータに、にこりと笑みを返した。

次いで　わたる　に声を掛け、以前に聞いたこれまでのことについて、もう少し遡って（さかのぼって）尋ねた。

わたる　は、問われるままに、歩きながら再びアリ・モハバトに語った。

……

特に西洛のモハメド・ババが、黄河流域の養生園において、自らの師であった頃のことなどである。

「雰囲気が、どことなくモハバト隊長に似ています。」

「そりゃそうでしょう！　兄弟ですから……。」

「えっ！　本当ですか？」

「冗談ですよ！」

「びっくりさせないで下さい。」

「でも、半分は本当です！　人類は皆兄弟ですから……。特に同じムスリムですし……。もっともその人は、可成りしっかりとした、ムスリムのようですが、私は、香辛料を売り捌いたあと、帰路北の交易路の最終目的地で迎える、ラマダーンで日没後に食する西瓜（すいか）の味を、今から楽しみにしているような不行き届きなムスリムですが、断食後の弱った胃袋には、水分９０％の西瓜はとてもやさしく、その果汁が日射の熱を冷ましてくれます。おまけに西瓜ならラマダーン明けまで、一月間はどうにか保存が効くのですよ。それに、その人は、フランスのS大学に学んだ、本当のインテリのようですが、私は、一介のキャラバン隊の隊長に過ぎません。ただ私は、砂漠に学び夜空の星に学んだのです。私自身は、砂漠でも、時折見掛ける石のようなものかも知れません。ただ石も泣くのです。笑うのです。石に心があるからです。魂があるからです。

魂の雄たけびがあるからです。私にも、以前話したことのあるデモクリトスの師である、古代ギリシャの哲学者レウキッポスのような、師と呼べる人が一人だけいましてね。その人についても、以前お話したことがあると思います。天体望遠鏡を携えた天文学者の旅人で、名は偶然にも同名のレウキッポスと言われる方でした。今宵は、この天候なら砂嵐もありますまい。次のオアシスで夕餉（ゆうげ）のあと、いつものように皆さんめいめいで、寝袋を持って広場に集まって下さい。人生の中で、そんな時の流れも、あってもいいのではないでしょうか。特に今宵で、最後になかも知れません。私の一言半句の魂の雄たけびを、お聞かせしましょう。」

四十九

「今から私が語る話は、この漆黒の大空に瞬く星々の輝きを、目の当たりにしながらお聞き下さるのがよいと思います。それは、何よりも私がレウキッポスの言葉を参考として、唯々この大空に瞬く星々の輝きから学んだことに過ぎないからです。人が亡くなる時、魂はその肉体から離れます。その瞬間、引力と地球の自転による遠心力との合力は、その肉体を捉えます。そのため今正に亡くなったばかりの人の肉体は、とても重く感覚されることでしょう。その魂が、その肉体を、離れれば離れるほどに……。そしてその魂は、比ゆ的意味でこの大空に、高く舞い上がることでしょう。ただその魂が、肉体に、もっと言えば物質に、親和性を持てば持つほどに、比ゆ的意味でこの地中に、深く埋没することでしょう。それはあたかもダンテの神曲における、地獄編・煉獄編・天国編のようでもあります。象は、その大いなる脳のゆえに、人の二歳児ほどの能力を有すると言います。そしてその象は、亡くなる時、〝象の墓場〟をつくると言います。もし亡くなってからも、気の合う善人同士が、再び集まることが出来たなら、そこは一種の天国のような場となることでしょう。またもし亡くなってからも、気の沿わない悪人同士が、再び集まらねばならないとしたなら、そこは一種の地獄のような場となることでしょう。それでは、煉獄はどうでしょうか？　亡くなったからと言って、すぐさま全ての臓器が、あるいは全ての細胞が死滅するわけではありません。例えば脳の電気刺激を、心臓が受容したらどうでしょうか？　心臓がだめでも他の臓器、あるいは死滅していない他の細胞が受容したらどうでしょうか？　それらが全て死滅してしまったとしても、他の人の脳が受容したらどうでしょうか？　（ここで、シェラが『そうね！』と相槌を打った。）もとよりエネルギーは、その形態を変え、また移動しても、〝エネルギー不滅の法則〟にしたがって、その総和は脳のエネルギーをも含めて、常に一定なのですから……。この宇宙に地球と同じような条件の星が存在するとして、そこでもこの地球上の人間のような、高度な文明が営まれているとすれば、そこにも地獄編・煉獄編・天国編は、同じように存在していることでしょう。それはあたかも、この地上の人々が、その人々を取り巻く周囲の空間的、および時間的環境の影響を受けて、それぞれの信教を持つことに酷似しています。ただ人々は、宗教によって神の存在を知るのではなく、もとよりその〝こころ〟の中に、すなわち脳の中に、すでに神の観念を受容する領域を宿している存在なのかも知れません。私は、幼いころより砂漠で育ち、長じてなお砂漠の上に瞬く、これらの星々を見て成長しました。その意味で、ここそは墳墓の地であり同胞（はらから）の地なのです。そこで、人生の必然としてイスラームの一人となったのです。たとえ脳の一部に、神に対する畏敬の念にもつながる領域までもが組み込まれているとしても、私の貧しい知識および拙い信心によってなお、そこにはアルラーが住み着き、他の神が住み着くことはなかったのです。それはあたかも脳の言語中枢を、一つの言語が占拠することに類似しています。つまりそれこそは、血であり肉であり、不可分のその人自身としてのムスリムなのです。」

「私、仰ることよく分かるわ。ラマダのオアシスで、私を育てて下さった小学校の校長先生、マザー・テンプルは、カトリックの修道女だったのよ。友達のベアトリーチェが、洗礼を受けたいって言い出した時でも、私には、あなたの亡くなった御両親は、お二人ともムスリムだったのだから、『あなたは、そのままでいいのよ！』って言って下さったわ。」

「何だ、シェラ、君の小学校の校長先生、女性だったのか？！」

「ああ、それはね！　マザーには、少し変わったところがあって、『舐められるといけないから、聞かれなきゃ言わないで！』って仰っていたものだから……。」

「さて、ところでレウキッポスは、その後も天体望遠鏡を用い天体を観察し続けた結果、この宇宙は膨張し続けていると言うのです。ただその膨張がこのまま続けば、星々はおろか、やがて物質同士すらも、互いの反応を止め、宇宙は消滅の時を迎えるだろうと言うのです。しかし神の意がそこになければ、やがてその膨張も終焉の時を迎え、宇宙は再び収縮をはじめ、最初の高温高密度の状態に戻るだろうとも言うのです。そこで私は、彼に尋ねました。『もうその一点から、再び宇宙が誕生することはないのですか？』と……。すると彼は、『宇宙すなわち物質が誕生するには、その物質に対応するだけの反物質が必要である。』と言うのです。そこで私は、直感しました。その反物質こそは、各々宗教において何と呼ぶかは別にして、〝偉大なる魂〟そのものではないのかと……。」

「宇宙の平和と発展を願う〝偉大なる魂〟と言うことですね？」わたる　の問い掛けに、アリ・モハバトは快く頷いた（うなずいた）。

五十

南の交易路も終盤に差し掛かる頃、駱駝を引く屈強な男たちの四肢にも、やがて疲労の色が濃くなり始めた。

シェヘラザードの練る消炎鎮痛のための塗布薬だけでは、まだまだ熱感・疼痛が引き切らなくなり始めていた。

わたる　は、彼らの痛めた腱・腱鞘が取り巻く、関節そのものの噛み合わせを整復し、その上で消炎鎮痛薬を塗布させた。

すると不思議なほど彼らの腱・腱鞘の熱感・疼痛は、引いていった。

そうこうする内、わたる　たちは、とうとうラマダの南の国境の、東の端に辿り（たどり）着くことができた。

やがて別れの時が来て、わたる　が巧みに彼らの四肢を治した、それらの男たちも居並んだが、さらに彼らを取り巻くように〝舞姫〟や〝踊り子〟たちが、そのまた周囲に居並んだ。

「〝偉大なる魂〟をつくっているもの、それは、目の前にいる人を大切に思い、放って置けない気持ちになることの、積み重ねそのものではないのでしょうか？　モハバト隊長！　あなたを見ていると、つくづくそう思います。」

わたる　が言うと、アリ・モハバトは、「その言葉、そっくりそのまま、あなたに、いや、あなた方ご家族にお返えししましょう。」と返した。

そしてさらに、「私の拙い（つたない）夜空の星の話を、最後まで聞いて下さってありがとう。これは、私から皆さんへの、気持ちばかりの〝修了書〟です。受け取って下さい。」と言って一人ずつに短冊状の色紙を渡した。

そこには、横書きで〝君の若い日に、君の願いを星につなげよ！〟と書かれていた。

そしてその最後に、〝ある素敵な家族の一員〟とあって、それぞれ　わたる　へ、シェヘラザード　へ、そしてスジャータ　へと書かれてあった。

アリ・モハバトは、スジャータに「これで君も、素敵な家族の一員になれたね！」と微笑んだ。

その時、この十三歳の乙女の頬には、一筋の熱い涙がこぼれた。

シェヘラザードの帰郷

五十一

「国境は、どこなのでしょうか?」わたるが尋ねると、アリ・モハバトは、傍らの上から順に青・白・緑の杙(くい)を指さしながら、「いつもなら青から下は、砂に埋もれているのに、今日は誰かが掘り起こしたように、全て突き出ている。ここから北へ、真直ぐにお行きなさい。」と今度は、その前方を手掌で示し、「早ければ二時間ぐらいで、王国の首都、オアシスに着けるはずです。」と付け加えた。

わたるたちは、再び隊長はじめ皆に礼を言うと、一路徒で北を目差した。

二時間ほど歩いて、漸く(ようやく)前方に〝大都〟らしきものが見えて来たので、そこで少し休憩を挟むことにした。

ただ今回の砂漠での食事は、乾パンとチーズと水筒のお水であった。

それでも三人は、少しく人心地が付き、再び歩き出した。

結局、三人が、オアシスの南の端にたどり着いたのは、それから四〇~五〇分後のことであった。

家々は、日干し煉瓦の上を、白々しい漆喰で固めた一~二階建ての、どこも似たような建物ばかりであったが、シェヘラザードは、さすがに土地勘があると見えて、マザーの住む建物に急いだ。

行く手左に、漸くマザーの館が見えたかと思ったら、そこから腰の曲がったお婆さんが杖を突き、小声で何かぶつぶつ呟き（つぶやき）ながら出て来るのが見えた。すれ違いざま「マザーも、学校じゃお金のない子をただで通わせたり、家にゃ親のない子を住まわせたり、何であんな人が、こんな目に合わなきゃいけないのだい。全く、もう本当に……。」などとぼやいているのが、辛うじて（かろうじて）聞かれた。

シェラは、それが、近くに住むマザーの〝茶飲み仲間〟の一人であることを、館の玄関の戸を叩く少し前までには思い出していた。

ただシェラは、さらにその前に、この時間、校庭に、校舎に、いつもなら聞こえるはずの子供たちの騒めき（ざわめき）の声が、全く聞こえないことに、強い違和感を覚えていた。

兎に角彼女は、その戸を叩いた。

しばらくして、戸を開けて、中からシェラと同年代の妙齢の女性が顔を出した。

「あら、あなた、シェラ！　シェラね！」

「ベア！　私よ、シェラよ！　ベア！　元気そうね。よかったわ！」

あとは言葉もなく、二人はしばらくハグし合った。

シェヘラザードがこの館を勉学のため一人旅立ってから、実に足掛け一〇年ぶりの再会であった。

五十二

「ベア！　こちらは、海わたる、私の旦那様よ。私たち、砂漠を歩き通しに歩いて来て、ごめんなさい。シャワー空いているかしら？」

「こちらこそ、ごめんなさい。気が付かなくて……。タオルと石鹸は、中にあるのを、お使いになって下さい。」

わたる　が、手荷物の中から、洗面具を取り出そうとするのを、目敏く見て取るや、ベアトリーチェは、透かさずそう言い添えた。

わたる　が、シャワーを浴びている間に、シェヘラザードは、ベアトリーチェに、わたる　の概ね（おおむね）の半生を掻い摘んで（かいつまんで）話してから、なおまだ時の余裕に任せて、スジャータにも自らの小伝を語らせた。

そうこうするうちに、わたる　が、シャワーから上がって来た。

入れ代わりにシェラとスジャータが、シャワーを浴びにバスに向かった。

ベアトリーチェは、わたる　に、今し方シェヘラザードから聞いたばかりのこと、またスジャータが語ったことについて、その詳細をそれとなく尋ねた。

そのうちに、シェヘラザードとスジャータもシャワーから上がった。

「ベア！　分かったでしょ。私たちは、正真正銘の家族のようなものよ。安心して何があったのか、どうしてここにマザーがいないのか、また子供たちがいないのか、全てを話して頂戴。」

「分かったわ、シェラ！　あなたの感は、やはり相変わらず鋭いわね。ここのところ、信頼してお近づきになった人に、いつもの出入り業者に、政府の諜報部員が紛れ込んでいたりするのよ。あの時以来、私たちは、そんな疑心暗鬼の中を、今日までやって来たの。でも再び懐かしい家族のような人たちに会えたのですもの、シェラ！　あなたたちになら、私たちの今日までのことを、そのまま全て話すわ。」

情報が十分というわけでもなければ、その情報自体錯綜しているため、必ずしもそれが全てではなかったり、正しいとは限らなかったりするのではあったが、要するにここ半年ほどの間に、国王およびその周辺の人々は、最早この国には居らず、恐らくは北の小アジアすなわちアナトリア半島の国に、亡命してしまって居られるのだろうというのである。

それというのも今はまだ、その全容を顕に（あらわに）はしていないものの、恐らくその背後には、軍の最高司令官A．H．の存在が、あってのことであろうというのである。

いずれにせよそのころから、この国におけるすべての課税が異様に上昇し、批判する者への締め付けも、異状に強くなってきているというのであった。

そのような中にあって、多額納税者の中には、一時外国への逃亡を企てる者まで出だしているというのだが、さらに悪いことには、彼らを襲う盗賊まで出はじめる始末だという。

そして特に今、そうしたことに対する政府への不満の捌け口（はけぐち）が、〝北の民〟すなわち〝北の遊牧民〟に向けられ、さらに悪いことには、この国の信教の九〇％を占めるイスラームは兎も角も、残り一〇％の他教への税の優遇措置はもちろんのこと、彼らの教育事業などへの支援・援助なども、すべて打ち切られたという。

そこで先ずマザーの館では、ベアトリーチェやシェヘラザードとともに暮らしていた孤児の一人、〝北の民〟の青年H．I．が、〝書置き〟を残して館を後にし、次にもともと授業料の払えない子供たちが、ほとんどであった小学校は、たちまち経営が立ち行かなくなり、閉鎖に追い込まれた。

「そんな時よ。H．I．君から手紙が届いたのは、……。手紙の内容は、『私は、いま〝北の民〟の〝独立軍〟にいて、可成りな地位を与えられるようになりました。いまなら、マザーたちを助けられます。X月X日早朝、そこから北へXm、同封の地図のX印の草原までお越し下さい。ただし昼間は危険なので、その後P．M．X頃まで待って、マザーも乗せた馬車で館に向かい、ベアと荷物を乗せ〝遠出〟を装って、そこから北へ向かい、小アジア半島の国境（くにざかい）までお送りすることができます。ただし互いの安全のため当日は、P．M．12：00までに現地へ、マザーご自身でお越し下さい。詳細については、その折充分ご相談申し上げたいと存じます。それでは、再会を一日千秋の思いで、お待ち申し上げております。H．I．拝』というものだったのよ。そしてその日に、シェラ！　あなた方が来て下さったのよ。本当に何という偶然かしら……。やっぱり、神様はいて下さるのだわ。」

五十三

「それでは、マザーとH．I．君との交渉がうまくいき、P．M．X頃マザーを乗せた馬車がここまで来て、ベアトリーチェはもちろんのこと、私たちをも乗せて、小アジア半島の国境まで、送ってくれるのを待っている間に、少し腹ごしらえをしましょう。ベア！　厨房の中で、食べられるものがまだ残っていたら教えて頂戴。スジャータ！　あなたは、それをどう料理すればいいか？　教えて頂戴。私たちは、あなたの指示に従うわ。」シェヘラザードが言うと、三人は厨房へと消えた。

「鶏ガラのスープが温まったら、それをスープ皿に注いで、サイコロに刻んで揚げたパンの耳、それからパセリのみじん切りも浮かべて下さい。」彼女の指示通りというよりも、ジャムサンド・たまごサンド・野菜サンドなどすべてのサンドウィッチが、スジャータ一人の手で作られ、そこに他の二人が手伝ったコンソメスープと葡萄ジュースが添えられた。

事情を知らない　わたる　は、三人の女性のそれぞれに、ただただ恐縮しながら、それらを美味しくいただいた。

「マザー・テンプルは、カトリックの修道女であるとは、お聞きしていましたが、具体的にどのような方なのでしょうか？」わたる　は、率直な質問をベアトリーチェにぶつけてみた。

「『イエス様は、何をなさった方なのですか？』とお聞きしたら、マザーは、『何もしなかった。いや、出来なかった。でも、その目には、愛が一杯溢れていたのよ。』とおっしゃったわ。『ゴルゴタの丘で十字架上に、はりつけにされ、人類の罪を贖われた（あがなわれた）のではないのですか？』とお聞きしたら、『人は、死ぬと、その人を神格化する者よ。人の罪をすべてイエス様に償わせるなんて、ずいぶん虫が良すぎるわ。』とおっしゃって……。」

「ちょっと待って下さい。それでは、マザーは、異端ではありませんか！」

「いいえ、最後までお聞きになって。『それでもイエス様は、神の御子よ。そして〝聖書〟に書かれていることは、たとえそれが、信じ難いほどの奇跡の数々であったとしても、すべて本当にあったことよ。』とおっしゃったわ。それで私は、洗礼を受けクリスチャンになりましたのよ。それにマザーも私も、同じ村の出身ですの。その村は、昔からのネストリウス派キリスト教の地で、私たち自身は、英国からの移民でしたの。先祖は、英国国教会成立以前に、すでに中東に移り住んでいて、当時は、皆カトリックだったのかも知れません。でもその後、地元の風土や人情に触れ、ネストリウス派に改宗した方々も、大勢いたと聞いていますわ。ただマザーの祖先も私の祖先も、そのままカトリックを通し、今に至っていますのよ。私は、早くに両親を亡くして、ラマダのオアシスへは、マザーに連れられて来ましたの。以来マザーは、私の優しいお母さまですわ。」

「ひょっとして、あなた方の居られた村では、アーモンドの花が、けなげなほど咲き誇ってはいませんでしたか？」

「はい、私たちの村は、〝アーモンドの花咲く村〟と呼ばれていましたのよ。でも、どうしてそれを……？」

「それでは、私の知るネストリウス派キリスト教宣教師、ジャクソン・ブラウン司祭と同じ村……、多分同じ村なのだろうと思うのですが……。」

その時、校舎から館まで続く〝渡り廊下〟の辺りから、歩み寄る軋み音（きしみね）が聞こえ始めた、それがだんだん大きくなり、皆がいるリビングの廊下側のドアが開いた。

「ジャクソン・ブラウンが、どうしたって……?」

そこには、修道女姿の品のいい、高齢の女性が佇んで（たたずんで）いた。

「マザー!」シェヘラザードが思わず立ち上がった。

その後ろには、〝北の民〟の青年H. I. が続いていた。

「マザー! お帰りなさい。随分お早かったのですね。I君も、本当に有難う。」ベアトリーチェも、振り向きざま立ち上がった。

「〝北の民〟の〝独立軍〟との話し合いが、ことのほかスムーズにいってね。もっとも警備の面では、こちらも相当譲歩させられたけど……。ただ、I君! それを補って余りありそうな男の人が、ここにいるわね。」

「そうですね!」

「マザー! 私の旦那様です。海わたる　と言います。」

「シェラ! お帰り。足掛け一〇年になるかね。やっぱり、神様は、私たちを見放しちゃいなかったようだね。ところで、さっき、ジャクソン・ブラウンがどうのと言っていたのは、そのあなたの旦那様かい?」

「はい、ジャクソン・ブラウン司祭は、現在西洛の最高顧問をしておられます。」

「知っているわよ。ついでに、あなたのこともね！　いえ、ジャックからは、ずいぶん前に、手紙をもらってね。そこに西洛の政権奪還の様子も、李候があなたとシェヘラザードに身分証明を発行したことも、ちゃんと書いてあったわよ。」

「それ、本当ですか?!　世間は、広いようで狭いですね。」

「わたる　とか言ったわね。狭かないのよ。ただ、一つしかないのよ。そしてそれも、〝小さな世界〟だということよ……。」

言いながらマザーを中心に、その横にH．I．その周りを、わたる　やシェヘラザード、スジャータそしてベアトリーチェが取り囲むように掛け直した。

「だから、〝アーモンドの花咲く村〟も、ここからそんなに遠くはないわ。周囲が塀で囲まれているのも、決して他との交流を阻むためではないのよ。羊の群れが逃げないためと、大切な子供たちが、それより遠くへ行ってしまわないためよ。つまりは、遊牧ではなかった。そこには小麦畑があり、ブドウの木があり、リンゴの木があり、そして何よりもアーモンドの木があったわ。だから羊肉の煮込みには、干しブドウ、リンゴそしてアーモンドの種子が添えられたわ。私、聖書を読み込んで調べてみたことがあったのよ。そして『神は人に植物を食することを許した、次いで動物を食することを許した。』と言う結論に達したことがあったわ。それでも牧草地の一部には、クローバー畑があって、蜂を飼い蜂蜜も取っていたわ。（ここで、ベアトリーチェの方を見て）この子ったら、小さいころ四葉のクローバーを探すのがとても上手で、何でも四葉のクローバーの方から、『ここにいるよ。』と囁いて（ささやいて）くれるっていうのよ。……」

マザーの話は、さらに続いた。

五十四

再び〝渡り廊下〟から、歩み寄る軋み音（きしみね）が聞こえ、そしてすぐにリビングの廊下側のドアが開いた。

「失礼します。部隊長！」

「何だ、I！　どうした？」

すでに立ち上がって、自らI隊員の方に近づいたH．I．は、何やらひそひそ話をした後で、彼から一枚の紙片を受け取った。

「ところで、銃は大丈夫か？」

「はい、二挺とも例の場所に、保管してあります。」

「よし！　それでは、その内、弾倉が六連発の方は、こちらの　海わたる　氏に所持してもらう。」

「ちょっと待って下さい。二挺しかないものなら、私は、……」

「いや、その方が、Iも馭者に集中できます。」

「それなら、私は、単発銃の方でいいです。」

「いや、憚り（はばかり）ながら、わが部隊の所持する銃は、二挺とも連発銃です。一挺は一〇連発、一挺は六連発、それでは、一〇連発の方を所持していただけますか？」

「いえ、分かりました。そう言うことなら六連発の方を、……ただし、その銃をどう用いるかは、私にお任せいただけますか?」

「それは、もちろんです。」

「それから、もう一つ提案があります。」

言いながら　わたる　は、手荷物から油紙に包まれた二本の西洋傘を取り出し、そのうちの一本を広げてみせた。

「これらの傘は、二本とも内側に鎖帷子（くさりかたびら）が縫い付けてあります。もし我々が、連発銃で応戦しなければならないような事態になったら、一本はベアが開きマザーを、一本はシエラが開きスジャータをそれぞれ守備すべきと考えます。」

「それは、大変いい考えですね。是非採用させてもらいます。ところで、そこには、何と書いてあるのですか?」

「〝生命尊重〟と書かれています。そもそもこれらの傘は、西洛において政権を奪還する際に用いたもので、無事〝王政復古〟に成功したのち、ともに戦った仲間同士、互いの無事に感謝しつつ、我々を守ってくれたこれらの傘に署名し合ったものなのです。今は、〝誰しも等しく死ぬからこそ、生きている時が愛（いと）おしい。〟もっと言えば、〝誰の生命も等しく、互いに尊重されるべきである。〟そんな風に解釈しています。」

わたる　の説明に相槌を打ちながら、I隊員の方へ向き直ったH．I．は、「報告ご苦労様。そろそろ持ち場に戻り、引き続き任務に当たってくれ！　今のことは、私から皆に話しておく。」

と促してのち、彼の話の内容について説明した。

それによれば、馬車を校舎の西端のこんもり茂った木陰に止めてすぐ、遠方に二〜三人の男の影を見たので、荷馬車でもあり何も積み込んでいないこともあって、怪しまれる前に彼らを巻きながら、H．I．隊長に渡した紙片に描かれた地図の位置に移動した。

ついては、やはり出発は、飽く迄暗くなるまで辛抱強く待った方がよいと思われ、もしそれまでに何かあれば、再度移動することもありうるが、その時はまた連絡する。

いずれにせよ、その辺は慣れている自分に任せて貰えれば、自分自身も含めて、相手をうまく巻く自信はあるので、安心して任せて貰いたいというものであった。

「それなら、諜報部員のことは一先ずI隊員にまかせるとして、それでは、その盗賊たちの正体については、どの程度分かっているのですか？」

「恐らく今までは、砂漠の北の交易路で、隊商を襲っていた連中でしょう。アリ・モハバトのキャラバンはじめ、彼らの防御が厳重を極めるようになってからは、新にラマダから逃亡を図ろうとする、比較的警備が手薄な人々に的を絞ってきたのですよ。」

「我々も、ラマダの南の国境の東端まで、砂漠の南の交易路をアリ・モハバトのキャラバンに送ってもらって来ました。すると、あれから彼らは、盗賊に備え、武装して北の交易路に向かったのですね！」

「いえ、彼らは、あなた方といたときも、すでに武装していたはずです。」

「えっ！　でもそんな様子は、さらさらなかったですよ。」

「駱駝を引く男たちは、ガウンの下に短銃を忍ばせていたはずです。そんな素振りも見せなかったのは、彼らを頼って同行している旅人たちを、怖がらせないためでしょう。」

「そうだったのですか！　ますます大した人ですね。あのアリ・モハバトという人は、……」

「そのアリ・モハバトから、どんな話を聞いたね？」

わたる　とH．I．の話に、マザー・テンプルが割り込んだ。

「ちょっと待って下さい。」

わたる　は、手荷物のポケットから、一冊の手帳を取り出し、就寝前にメモした彼の話の概略について、掻い摘んでマザーに語った。


……


「さすがアリ・モハバトだね！」

「マザーは、モハバト隊長を御存じなのですか？」

「会ったことはないけど、噂（うわさ）には、聞いているわよ。会ったところで、とても太刀打ちは、できないだろうと思うけどね。ただ、いまの話の中で、魂が大空高く舞い上がることも、地中深く埋没することも、彼自身も比ゆ的意味でと断っているように、人々によく分かるよう、見慣れた大空や地中など、この世の場所々々を例に採った迄のことであって、それらはその話の中では、宇宙が誕生した最初の一点のさらにその向こう側、すなわちあの世における場所々々を言っているに違いないだろうと思うのよ。そしてその再び宇宙を生み出す反物質とは、もちろん〝偉大なる魂〟に違いこそないのだけど、私はそれが、ごく〝小さな愛〟の力であったとしても、それらの愛が重なり合い、互いの愛の二乗ともなれば、例えごくわずか例えば－1ぐらいであったとしても、再び宇宙を生み出す反物質の一部にはなりうると思うのよ。だからやっぱり天国には、ごくわずかであったとしても、自分にできるだけの宝は、積むべきだと思うわ。」

「Loveは、私の生まれた国では、愛（あい）と訳され、ｉと発音します。マザーは、その二乗が－1であったとしても、再び宇宙を生み出す反物質の一部にはなりうると仰るのですから、$i^2 = -1$ ということになります。これは、そのまま数学における〝虚数の定義〟そのものです。」

「前半分しか分からなかったけど、H．I．君なら全て分かったと思うわ。」

マザーに応えるかのように、「はい、わたる　の言う通りです。もっと言えば、bを実数とするとき、実数bとｉとの積biと実数aとの和a+biを複素数と言い、実数でない複素数を虚数と言いますから、この場合a+biが虚数の分だけ天国に宝を詰めることになります。」

「わたる！　H．I．君は、大学で〝数学〟を専攻していたのよ。」シェラが言った。

「通りで！　そして今回は、そのH．I．君が部隊長となって、I隊員とともに、私たちを助けて下さるのですね。それなら、一つお尋ねしてもよろしいですか？」

「水臭い。何なりとお聞き下さい。」

「それでは、お尋ねしますが、どうか怒らないでお教え下さい。現在所属されておられるのは、〝北の民〟の〝独立軍〟ということですが、ラマダ王国において国王の施政下では、この国の北方の地でも〝北の民〟は、特段のトラブルもなく、遊牧生活を送っておられたのですよね。」

「それは、もちろんその通りです。」

「それならば、その王政をもう一度復古させようとは、お考えにならないのですか?」

「それは、私の考えの中にも、一部にはあります。ただ現在は、先ず各地に散在し遊牧生活を送っている〝北の民〟を、〝独立〟のスローガンのもと、ひとつにまとめることが先決なので……。」

「海　君は、西洛で王政復古を、一度成功させているのよ。だからそういうことを言うのよ。でもそれも、とても貴重な経験の一つだと思うから、一度話だけでも聞いてみたら……。」今度は、マザーが言った。

「それは、是非お伺いしたいですね。」

それから　わたる　の西洛における政権奪還の様子についての話が、H．I．の度重なる様々な質問も交えながら、しばらくの間続いた。


……


その内、校庭や館の周囲もとっぷり暮れて来たので、めいめいが荷物を確認した上で、テーブルの上に広げられた、先ほどI隊員が置いていった紙片に描かれた地図の位置を、H．I．部隊長とともに確認し合っていた。

すると再び〝渡り廊下〟から、歩み寄る軋み音が聞こえ、リビングの廊下側のドアが開いた。I隊員である。

「部隊長！　先ほどの地図の位置の周囲に、しばらく前から再び二～三人の男の影を見ましたので、今は再度校舎の西端の木陰に止めてあります。皆様の準備が出来次第、今からでもすぐ出発されるのが、最も無難かと存じます。」

言い終わらぬうちに、立ち上がったH．Ｉ．部隊長は、「Ｉ！　おまえが先頭に立って、皆を誘導せよ！　私は、一番後ろに着く。」と言い放つなり、Ｉを先頭に立たせ〝渡り廊下〟から校舎を通って、校舎西端の木陰に止めてある荷馬車へと急がせた。

最初にＩ隊員が着くと、彼は、先ず荷台の後ろの側板の鍵を外して下し、折り畳まれた踏台を引き出し、皆を乗せ終わると、その側板を上げて鍵を止め、次いで駁者台の座席を上げて、手提げ金庫を出し、底板を外して二挺の連発銃を取り出し、その内の一〇連発の方を最後に着いたH．Ｉ．部隊長に、六連発の方を　わたる　に渡した。

亡命

五十五

オアシス市内の街路を巧みに潜り抜け（くぐりぬけ）、街道に出るや途中幾度かの休憩を挟みながらも、馬車は直走り（ひたはしり）に北を目差した。

その手綱さばきの見事なことは、小西洛の張安を彷彿とさせた。

とうとう最後の難所に差し掛かった。

この岨路すなわち険しい山道さえ抜け、あとは少しく走り抜ければ北の小アジアすなわちアナトリア半島の国境の、南東の端に辿り着くことができる。

この場合、前方に向かって右手が山、左手が谷の小径を崖伝いに、可成り横幅のある荷馬車を走らせるのである。

誤って手綱を谷側にでも切ろうものなら、たちまち千尋（ちひろ）の谷底に堕ちねばならない。

さすがにI隊員もわずかにスピードを落とし、慎重になった、その矢先のことである。

後方から、そんな岨路をも物ともせず、小石を跳ね上げながら、追いかけてくる数頭の騎馬の軍団が、突然眼に飛び込んで来た。

ここに至って、終に盗賊の出現である。

予て（かねて）の打ち合わせ通り、例の傘を一本はベアが開きマザーを、一本はシェラが開きスジャータをそれぞれ守った。

先頭の二頭の騎馬のそれぞれの手綱を握る、恐らくは頭とその一番の部下と思われる二人が、何が可笑しいのか突然笑い出した。

「彼らは、漢字が読めるのか？」

「まさか！　傘で守れると思っていることが、可笑しいのでしょう。」

言いながら、H．I．は、一〇連発銃を伏せ撃ちに構えた。

それと見て　わたる　も、六連発銃を膝撃ちに構え、その銃身を荷馬車の山側の側板の上に乗せた。

……

一間合いあって、わたる　は、山側の崖が丁度片側トンネルのように、道側に迫り出して（せりだして）いる岩肌の角目掛けて、数発連続に打ち放った。

ガラガラ・ガラガラ・ドドドド〜ン

ガラガラ・ガラガラ・ドドドド〜ン

ヒヒ〜ン・ヒ〜ン・ヒ〜ン

ヒヒ〜ン・ヒ〜ン・ヒ〜ン

山道のその個所だけが崖崩れを起こし、さしもの盗賊の馬たちもそれ以上先へは進めない態（てい）である。

「さすが　海　さん！　私は、馬たちの脚を狙う積りでいたのだが、それでも馬たちは、褥瘡（じょくそう）つまりは床擦れを起こして、その内には死なねばならなかっただろうし、……。その手があったとは、……。」

……

斯くして馬車は、漸く小アジアの国境の、南東の端に辿り着くことができた。

「本当にありがとう。（I隊員に対しても）I君も有難う。あなた方が、命懸けで送ってくれたこと、決して忘れない！」

「マザーは、私の育ての母なのですよ。そして、ここにいる人たちは、皆私の同胞（はらから）のようなものですから……。それから、この国の国境は厳しいのですが、ここだけは、通り抜けることができます。ただしこの獣道に沿って北へ向かわないと、絶えず背の低い棘のある植物に、足を取られる恐れがありますから、くれぐれも気を付けて下さい！　草原に出てからも北に向かえば、必ず我々と同じ〝遊牧の民〟に遭遇するはずです。それから　わたる！　君が言っていた、王政復古の道も、帰ったら仲間内でよく話し合ってみることにするよ。それでは、お元気で……。」

「それについては、〝独立〟のスローガンを掲げることも、いいことだと思うのだけれど、かなたを見晴るかす余り、足元を固めることをなおざりにしてはいけないと思ったものだから……。いずれにせよ、そちらこそくれぐれもお元気で……。Ｉ君も……。」

Ｈ．Ｉ．が言う同胞は、新たに加わった同胞も含め、皆それぞれに別れを惜しんでいた。

五十六

Ｈ．Ｉ．の忠告に従い、その獣道に沿って北へ向かうと、直ぐにその背の低い一杯棘のある野草の群生地を抜けて、その内広い草原に出ることができた。

そしてさらにその草原を北へ向かうと、一行の前方に天幕の村が見えてきた。

近づいてテントのそばに立っていた女の人に尋ねてみると、ここは三十人ほどの小さな村だが、天幕にも一～二張りの余裕があり、いつもなら〝遊牧の民〟の伝統に従い、遠来の客を歓迎するところだが、今はそれどころではないという。

何があったのかと、さらに尋ねてみると、妊婦が臨月を迎え胎児が生まれなければならないのだが、なかなか生まれず、もう半日近く苦しんでいて、このままでは、母子ともに危険だというのである。

そこで、シェヘラザードは、ユナニーイスラーム医学の女医で、小西洛の大学の付属医院の婦女のための専科で、大勢の妊婦を見て来たことなどを話したら、是非見てやってほしいということになった。

早速シェラは、その周囲に一際大勢の人々が集まっている天幕の中に入り、村の産婆に変わって様子を見た。

「わたる！　清潔なお湯と清潔な布をできるだけ用意して！」

天幕の外にいる　わたる　にそれらを託した。

「分かった！」

応えるなり、わたる　は、村の水汲み場まで案内してもらった。

とてもつかえた代物ではなかったので、近くで手に入る一番きめの細かい砂と、火を起こしたときに出た炭などから簡単な濾過器のようなものをつくり、それを用いて一旦濾過した水を、さらに煮沸していると、テントの中から、シェラの「いい、陣痛は痛みではないのよ。子宮が収縮しているだけのことなの。そしてそれが、赤ちゃん自身に、この世に生まれ出るための、大切な力を与えているのよ。……破水は、これまで赤ちゃんを保護していた羊水が、子宮口が開いて吐き出された、謂わば生れ出る前兆よ。……」と叫びにも似た声を張り上げているのが聞こえてきた。

……

「オギャー・オギャー」

「オギャー・オギャー」

「アルラー！」

「アルラー！」

「アルラー！」

ムスリムである彼らは、思わず知らず、それぞれに叫びにも似た祈りを捧げていた。

「アーメン」

「アーメン」

マザーとベアは、静かにそれぞれ十字を切った。

「無阿弥陀仏」

わたる　は、ただただ涙とともに両の手を合わせた。

「まだ切らないで！　……今脈が止まったわ。ここで切って頂戴。」

村の産婆とのやり方の違いのようだ。

「臍の緒は、お母さんと赤ちゃんを結ぶ大切な絆だと思ったの。だから私、お母さんから赤ちゃんへ最後の栄養のプレゼントが終わるまで、待ってあげて欲しかったの。ごめんなさいね。」

「いえ、こちらこそ、いい勉強をさせてもらいました。」

シェヘラザードは、ここでクラーンの一節を読み上げた。

「クラーン十三：8アルラーはそれぞれの女性が、身ごもるのを知りたまい、またその子宮の胎児の時がすぐ終わるか、または延びるかを知りたもう。あらゆることは、かれのみもとの定められた測定による。」

そして新たに母親となった彼女の肩の上に手を置き、「よく頑張ったわね！」とにっこり微笑んだ。

天幕の外へ出たシェヘラザードは、皆に告げた。

「母子ともに健康よ。もう何の問題もないわ！」

その後

五十七

「それから、我々は、そこで二張りの天幕をもらって、その村に住み付き、村人に乞われるまま、その内の一方をつかって私とシェラとで、村人の中の病人やけが人を見るようになった。それがたちまち評判になって、近郷の村々からも病人やけが人が訪れるようになった。近郷の村々と言っても、すべて〝遊牧の民〟の村々だったはずなのだが、その内そのことがその地方の役所の知るところとなって、そこから役人が何人かで調べに来た。我々は、隠し立てはせず、全てを正直に答えた。すると二度目に彼らが訪ねて来たときには、中央政府の役人を伴い、ずいぶん鄭重な物言いで、この国の西端にある首都に移り住んではどうかという話になった。どうしたことかと、いろいろと探りを入れて分かったことなのだが、もともとマザーと亡命中のラマダ王とは、非公式ながら極めて親しい間柄で、そのことがこのことに関係しているらしかった。ところが肝心のマザーはと言えば、『〝遊牧の民〟の中の最も心の貧しい人々につかえよ！』との神託を授かったからと言い張って、村を出ようとはしなかった。結局中央政府の提案で、マザーとベアトリーチェは村に残り、私とシェラとスジャータは政府が用意してくれた首都の官舎に入ることとなった。港を見下すことのできるこの官舎で、船舶の出入りに関する政府の仕事を任されることになったのだ。政府から支給される給料の半分は、マザーたちに送っているのだが、マザーはマザーでいざと言う時のためにと、それらをほとんど積み立てに回している。一年に一度、様子を見に行くようにしているのだが、あちらでも相変わらずベアと二人慎ましい（つつましい）生活を送っているようだ。ただ二人とも大きな病気もせず、今も元気でいてくれていることが、シェラと二人何よりと思っている。その後我々は、子供ができなかったこともあって、スジャータを養女に迎えた。彼女は予て（かねて）の希望通り欧州で服飾の勉強をし、ファッションのデザイナーになった。そして大学を卒業した頃、一時誘われてモデルの仕事をし、大金を手にしたことがあった。彼女は、そのお金をアシナ村の祖父のもとへ、小学校設立の資金としてイスラームの無利子両替商を通し送ろうとした。そこで私は、彼女をこの近くの公園にある、池のほとりまで連れて行ったことがあった。」

「その公園なら僕も知っているよ。アヒルの居る池があるでしょ。」

「アヒルも居るし、たくさんの水鳥が居る。私は、そこに大きなパンの塊（かたまり）を投げてやった。するとアヒルをはじめ沢山の水鳥たちが、その大きなパンの塊目掛けて、ガ～ガ～・

ピイピイ泣き叫びながら、一斉に犇めき（ひしめき）合い、我先にその塊を口にしようと争い合った。次にアヒルや水鳥それぞれの鳥たちの前に、ごくごく小さなパンのかけらを投げてやった。すると鳥たちは、それぞれのパンの小さなかけらをパクリと口にするだけで、相変わらず水面（みなも）に美しい波紋を浮かべながら泳いでいた。そこで私は、『今それだけの大金を、あの村に送ることは、周りの人たちへの混乱につながる。お祖父さんの小学校は、来年の春には設立されるまでに、充分資金は積み上げられている。来春以降、小学校の充実のため維持管理に必要な資金、それもその一部として、毎年少しずつ送ってあげたらどうか？』と提案したことがあった。ただ君のお母さんは、一を言えば十わかる人だ。それからは、モデルの仕事は止め、再びアシナのお祖父さんが願っていた服飾のデザイナーの道をひたすら歩み始めた。そして同じデザイナーの道を志していたギリシャの青年と知り合い一緒になり、U！　お前が生まれたのだよ。」

「お祖父ちゃんやお祖母ちゃんが、命がけで研修を重ねていた民族伝承医学は、その後どうなったの？」

「お祖父ちゃんは、公務のない日には、民族伝承医学による治療が、どうしても必要な患者だけ、ここで診るようにしている。お祖母ちゃんも、依頼を受けた薬局で民族伝承医学による患者相談室をいまも続けている。現在は確かに西洋医学の時代だが、両者を重ねても大抵の場合相乗効果が得られる。問題は、両者の考えが対立し、例えば前者で血圧を下げようとし、後者で血流を良くしようとするような場合だ。前者に対し後者は、もともと栄養状態の余り良くない時代に開発されたものだけに、症状を出し切らせ身体の芯の熱を取ったりするのには、とても有効なのだけれども、そうした場合には、一旦は後者を中止せざるを得ないだろうと考えている。だが世界中には、まだ栄養状態の余り良くない地域は言うに及ばず、電気すら行き渡っていない地域などもたくさんある。そうした地域々々に今すぐ優れた西洋医学の恩恵をもたらすことは、ほとんど不可能に近いことだ。しかしながら世界各地には、その地域々々にさまざまな民族伝承医学がある。またむしろそうしたもののなかから、優れた薬事効果が確認できる物質が発見されたり、優れた治療効果が期待できる手技が発明されたりすることもある。だから自国の民族伝承医学を応用しつつ、プライマリー・ヘルス・ケアのシステムを作り上げていくことこそが、最も重要だとする考えに今も変わりはないのだよ。」

「お祖父ちゃんやお祖母ちゃんは、世界中で遭遇した様々な宗教について、今はどのように考えているの?」

「年に一度シェラと二人あるいはスジャータを含め三人、マザーとベアのもとを訪ねたときなど、よく四人あるいは五人でそのことについて語らうことがあった。要するに人類は、誰も脳の一部に、すなわち心のどこかに、神に対する畏敬の念につながる部分を持っている。だから人々の中には、誰言うとなく素朴な慣習が伝承していることがある。ところで、お祖父ちゃんの生まれた国には、〝富士〟という名の、その国で一番高くまた美しい山がある。そして、よく『〝富士〟に登るには、様々な道がある。』と言われる。また釈尊の言葉に、「自らの見解に執着し論じ争うのは、ものの一面だけを見て、全体を知らないためである。」と言うことがある。我々は、この旅路の中で、さまざまに優れた教えに接することができた。そしてそれらのどれもが、頂きにまで至る素晴らしい教えでありながら、そのすそ野の部分で論じ争っているのは、丁度〝群盲象を撫でる（なでる）〟の諺（ことわざ）が示すように、多くの盲人が象を撫でて、それぞれ自分の手で触れた部分だけで巨大な象を評するように、単にその一部分にとどまって全体を見渡すことができないことに似ている。だからお祖父ちゃんは、話し合うことが大切だと思うのだよ。仮に人類が皆盲人であったとしても、実は同じことについて言っているのかも知れないのだからね。」

「お祖父ちゃん！　僕もマザーたちに会ってみたいな！」

「君のお母さんも、勉学や研修そして子育ても一段落し、来年にはマザーとベアのもとをまた訪ねたいと言っていた。だから来年一緒に行くことにしているのだよ。君にそういう気持ちがあるのなら君も、その時我々と一緒にいけばいい。」

「その後、連絡を取り合っている人は外にいないの？」

「ブータン、Y村のラマ教美術学校・仏像部門の部門長、高田陸善老師とは、何故西北インドの地で尊い『法華経』の教えが成立し得たのか、その理由を探ったときのことなど連絡して以来、連絡を取り合っている。高田老師は、ついこの間もカンボジアのアンコール・ワットについて、三代将軍徳川家光が、島野兼了を派遣し見取り図を作らせたことについて、疑問が残ると書いて寄こした。何でも長崎通詞に島野兼了の名は見当たらないと言うのだ。それに対し一六三二年仏像四体を奉納し、〝落書〟を残した長崎の森本右近太夫一房（もりもとうこんだゆうかずふさ）が築城・測量の技術を持っていて見取り図を作った可能性について言及していた。ただ細川家の家臣の記録にも森本右近太夫一房の名は見当たらないとも書いていた。いずれにせよ水戸徳川家に見取り図が保管されていたのは、徳川光圀が、大日本史を編纂するにあたり、各藩から資料を取り寄せたためだろうと言うのだ。私は、私の生国の言葉でやり取りできることもあって、それについては詳しく知らないにもかかわらず、当時カンボジアは、南天竺と呼ばれ、朱印船貿易が隆盛を極めていた。だから森本に限らずアンコール・ワットを『祇園精舎』と思い込み、同所を訪れた侍は他にも何人もいたと思われる。逆に三代将軍徳川家光が一六三三年以来一六三九年鎖国を完成させるまでの前後、海外の情報をできる限り収集しようとしていたとしても、決して不思議ではないのではないかと所見の一端を述べたことがあった。どちらの所見が正しいなどと言うことではなしに、そのように互いの思うところをやり取りして、絶えず真実を求めようとする姿勢こそが大切なのだよ。」

「お祖父ちゃんが辿った道程を、逆に辿ってはいけないの？」

「先ず学校などでよく学ぶこと、次に様々な経験を積み一定の年齢に達すること、次に道程をよく知り案内可能な仲間を組織すること、そして無理のない決して危険を冒さない実現可能な計画を練ること、最後にご両親の許可を得ること、それらのすべてが達成されたなら、お祖父ちゃんは、あえて反対はしない。最後に一言、お祖父ちゃんからのメッセージとして、これは人生そのものにも言えることだけれども、人と競うのではなく、比べるのでもなく、自分自身のペースで自分自身の道程を行きなさい。そう、自分自身の人生を歩みなさい。」

エピローグ

五十八

わたる　が背にした西向きに広く開かれたガラス戸の、向かえのソファから立ち上がった少年Uは、「こちらに近付いて来るあの白い船に、きっとママもお祖母ちゃんも乗っているよ。」と地中海を見下ろし、その船の行方を追いながら指さした。

この時、スジャータは、バルカン半島の地で開かれた、四人の若手ファッションデザイナーによる発表会における発表者の一人として、シェヘラザードは、それを陰で支える母親として、その間、孫であるその十二の少年Uを預かった父親のもとへの帰路にあったのだ。

「二人が帰ったら、今お祖父ちゃんから聞いた話で、まだよく分からなかったことを、幾つか聞いてみようと思っているンだ。ママにも！　お祖母ちゃんにも！」少年Uは、そう爽やかに（さわやかに）言い添えた。

「それはいい考えだ！　ママからも！　お祖母ちゃんからも！　きっとまた、違った話が聞けると思うよ。」わたる　は、微笑みながら返した。

さきほどまで、西向きに浮かんでいた、どんより曇った利休鼠（りきゅうねずみ）の雲居の空も、唐紅（からくれない）に染まりはじめ、わたる　にとって故国の内海を思い起こさせ、大小さまざまな船舶を浮かべ、そして洋の東西を結ぶその海峡の海までもが、真紅に染め上げられ、わたる　やその少年の面立ちさえも今正にまばゆいばかりに照らし出していた。

完

著者プロフィール

安達和俊（あだち・かずとし）D.C.

1948年愛知県生まれ。岐阜県在住。

慶應義塾大学法学部卒業。大学在学中に講道館柔道を始め、三段に昇段。

中学・高校・短大での教職を経て米田病院附属中部柔整専門学校卒業。

米田病院にてインターン2年を経て渡米。米国政府公認クリーブランドカイロプラクティック医科大学（カリフォルニア州ロサンゼルス市）卒業。

柔道整復師、米国政府公認カイロプラクティックドクター（D.C.）として、醫王堂（いおうどう）カイロプラクティック院を開業、30年以上臨床に携わる。後輩の育成のために、醫王堂（いおうどう）無血療法カレッジを開設、実技を伝授する。著書は『手技療法の家庭医学　—カイロプラクティックドクター臨床手記—』『真のゴッドハンドへの道としての総合医療手技学の理論と技能　—入門実技と実践応用技法—』など、手技療法の教本が多数ある。

本書は、著者初の小説で、日本と世界の民族伝承医学がストーリー仕立てでやさしく理解できるようにとの願いをこめて書かれた。

海わたる

2019年7月8日　初版第1刷　発行

著　者　安達和俊 D.C.
発行者　安達和俊 D.C.
発行所　株式会社　科学新聞社
〒105-0013 東京都港区浜松町1-2-13
Tel: 03-3434-3741　Fax: 03-3434-3745
http://www.chiro-journal.com
装　幀　安達さくら
印刷・製本　港北出版印刷株式会社

ISBN978-4-86120-051-9